Fernando Botella

Bienvenidos a la revolución 4.0

Todo lo que necesitas saber para triunfar en la era digital

alienta
EDITORIAL

Autor: Fernando Botella

Alienta es un sello editorial de Centro Libros PAPF, S. L. U.
Grupo Planeta
Av. Diagonal, 662-664
08034 Barcelona

www.planetadelibros.com

ISBN: 978-84-16928-64-4
Depósito legal: B. 7.750-2018
Primera edición: mayo de 2018
Preimpresión: gama, sl
Impreso por Artes Gráficas Huertas, S.A.

Impreso en España - *Printed in Spain*

Dedicado a mis dos hijas:
Anna y Sara.
Quizá ya sean ciudadanas beta.
O no...
Y así, sean como sean,
que sepan que las quiero mucho.
¡Todo!

A mis padres.
G R A C I A S,
por haber traído a este mono *al mundo;*
por la vida que me habéis dado.

Para todos los nuevos monos,
ciudadanos beta,
que buscan, sin cesar,
una nueva forma
de entender la vida.

Nosotros debemos ser el cambio
que deseamos ver en el mundo.

MAHATMA GANDHI

Explora, explora y explora...
Jamás dejes de explorar, porque así llegarás al lugar donde empezó tu viaje. La curiosidad te hará ser más humano.

Hace dos mil millones de años nuestros ancestros eran microbios.
Hace quinientos millones de años nuestros ancestros eran peces.
Hace cien millones de años nuestros ancestros eran ratones.
Hace diez millones de años nuestros ancestros eran primates arbóreos.
Hace un millón de años nuestros ancestros eran protohumanos.
Hace unos dos cientos mil años apareció el *Homo sapiens sapiens*.
HOY ES SIEMPRE TODAVÍA.

La evolución viene marcada por el cambio.

Nada permanece. El tiempo pasa a gran velocidad. Todo queda atrás.
Sólo desde el presente podemos construir un gran futuro.
Todo se transforma.
Con un ritmo exponencialmente acelerado.

Segunda Ley de la Termodinámica:
Todo, sin excepciones, se desmorona lentamente, entrando en un estado de desorden llamado *entropía*. Para evitarlo, mantenerse en el mismo estado o cambiar, se requiere de nueva energía.

Todo, en el sistema, es inestable; desde una piedra inerte a cualquier ser vivo. También lo intangible, como el TALENTO.
Todo requiere de reparación.
Todo requiere un recambio.
Todo cambio requiere de nueva energía.
Todo se TRANSFORMA.

La vida se vive en *BETA*.
No hay opción.
Vivimos en continuo
estado de evolución, de cambio.
El mundo pertenece a los INSATISFECHOS.

¡Toma conciencia de ello!
Eres un ciudadano *BETA*, un *nuevo mono*.

SUMARIO

PRÓLOGO

> Donde no hay una visión, el pueblo perece.
>
> La Biblia, Proverbios 29,18

> No importa hacia dónde sopla el viento, si uno no sabe a qué puerto se dirige.
>
> Séneca

> La innovación es lo que distingue a los líderes de los demás.
>
> Steve Jobs

Fernando Botella es un soñador y un visionario amante del conocimiento en sus múltiples formas. Originalmente de Alicante, Fernando tiene una perspectiva universal del ser humano y de la vida misma. En sus diversas obras enfoca fascinantes temas de aprendizaje y liderazgo, entre otros tópicos apasionantes, siempre con una perspectiva global, y también con muchos ejemplos locales. Con sus experiencias propias, incluyendo la música y la cocina, a través de múltiples encuentros con diferentes ideas y personas, Fernando nos ofrece modelos exitosos para ser estudiados en el presente y poder construir un futuro mejor.

Bienvenidos a la revolución 4.0 es una obra de arte que nos lleva desde el pasado hacia el futuro, desde la antropología hacia la singularidad tecnológica. En un mundo cambiante, y con cambios cada vez más acelerados, hay que ser proactivo para visualizar los grandes desafíos y oportunidades de los próximos años y décadas. Gracias a la naturaleza de los cambios exponenciales es muy posible que veamos más cambios en las próximas dos décadas que en los dos milenios pasados. Ya hemos pasado de prehumanos, o *viejos monos*, a humanos, ¿pasaremos ahora de humanos a *nuevos monos*, *transhumanos* y *posthumanos*?

La ciencia ficción nos permite imaginar y visitar el mundo, o los mundos, del futuro. Muchas veces, la ciencia ficción de hoy se convierte en la ciencia real de mañana. De hecho, la ciencia continuamente abre nuevas puertas del conocimiento. Lo que antes parecía imposible, muchas veces se vuelve realidad luego. Los teléfonos, los automóviles, los aviones, los antibióticos, los satélites, los cohetes, los ordenadores, internet, los móviles, todos parecían magia en su momento. Ahora, afortunadamente, cada uno de esos descubrimientos e invenciones es considerado normal por las nuevas generaciones. Pronto otros avances como los viajes espaciales, la teleportación cuántica, la transferencia de memorias, la comunicación telepática, la longevidad indefinida, serán probablemente posibles para el ciudadano *beta*.

Efectivamente, muchas ideas suelen avanzar de la ciencia ficción hacia la ciencia real. Sir Arthur C. Clarke, el conocido autor británico de ciencia ficción, escribió hace casi medio siglo sus famosas tres leyes del futuro:

1. Cuando un científico viejo y distinguido afirma que algo es posible, es casi seguro que está en lo correcto. Cuando afirma que algo es imposible, es muy probable que esté equivocado.
2. La única manera de descubrir los límites de lo posible es aventurarse más allá de ellos, hacia lo imposible.
3. Cualquier tecnología suficientemente avanzada no se diferencia de la magia.

Clarke creía que la humanidad llegaría a la inmortalidad física antes del final del siglo XXI. De hecho, los científicos vienen alcanzando grandes logros en estudios de longevidad durante los últimos años y, de continuar así, es probable que se llegue al control del envejecimiento en las próximas dos o tres décadas. Gracias a diferentes desarrollos científicos y tecnológicos, actualmente se han creado ratones que viven casi 3 veces su expectativa de vida adulta promedio, mosquitos de la fruta (*Drosophila melanogaster*) que viven 4 veces más, y algunos gusanos que han logrado vivir hasta 10 veces más que su expectativa de vida observada, normalmente, en el medio ambiente.

Los experimentos con ratones son especialmente importantes pues se estima que los ratones y los seres humanos compartimos, según como se mida, cerca del 90 por ciento del genoma. Hay una fundación sin fines de lucro que tiene un premio para crear ratones que vivan indefinidamente. Dicha competencia científica internacional se llama el «Premio del Ratón Matusalén» y busca crear ratones que alcancen vidas muy largas, con una longevidad creciente. También hay un premio adicional para «rejuvenecer» ratones. Los científicos que participan en el «Premio del Ratón Matusalén» esperan que en dos décadas se pueda controlar el proceso de envejecimiento en los ratones, y una década más tarde se pueda hacer lo mismo en los humanos, o quizá antes.

Desde el punto de vista informático, hoy estamos comenzando a comprender la complejidad del cerebro humano. Nuestro cerebro contiene aproximadamente cien mil millones de neuronas, y representa así la estructura más compleja del universo conocido hasta el momento. Sin embargo, ya hay científicos trabajando en la creación de cerebros artificiales y estiman que en dos o tres décadas podremos crear estructuras más complejas que el cerebro humano.

Gracias a la Ley de Moore, que indica el crecimiento exponencial del poder de los ordenadores, es posible que una inteligencia artificial pase el Test de Turing en 2029 y luego alcance la «singularidad tecnológica» en 2045, según estiman algunos expertos como Ray Kurzweil. En ese caso, será entonces imposible diferenciar entre una inteligencia artificial y una inteligencia humana. Después también será posible subir todos los conocimientos, recuerdos, experiencias, amores y sentimientos a ordenadores, que incluso tendrán una memoria expandible y superior a la memoria humana actual. ¿Llegaremos realmente a esta singularidad tecnológica?

En pocas palabras, lo que hoy parece magia, pronto quizá podrá ser realidad. Los avances científicos y tecnológicos recientes muestran que la inmortalidad física no es imposible, y que muchos de nosotros podremos llegar a verla con nuestros propios ojos. De hecho, desde un punto de vista evolutivo, todavía tenemos mucho que aprender, desde la antropología hasta los estudios de futuro y prospectiva. Tenemos que pasar del corto plazo al largo plazo, por eso es fundamental considerar la transformación del nuevo liderazgo. ¿Cuáles son las implicaciones sociales, económicas y políticas de la longevidad indefinida? ¿Cuáles son las consideraciones éticas de una posible inmortalidad? ¿Cuáles son los retos para el nuevo ciudadano *beta*? ¿Cuáles serán las disrupciones que veremos los *nuevos monos* del futuro?

Bienvenidos a la revolución 4.0 es una importante contribución de Fernando en su tarea incansable de sintetizar y divulgar estas ideas en nuestro idioma. En efecto, este entretenido libro recopila muchas ideas de una manera didáctica y sencilla, siempre incluyendo valores morales. Como nos explica Fernando: «El *nuevo mono*, al que me referiré en el texto con mucha frecuencia, ya habita entre nosotros. Tú puedes ser ya uno de ell@s».

Ha sido un gran gusto leer este libro. Es un placer poder colaborar con personas comprometidas a visualizar futuros diferentes para alcanzar las mejores posibilidades dentro de este mundo globalizado de cambios acelerados, con transformación constante, con disrupción continua. Demos la bienvenida al nuevo *Bienvenidos a la revolución 4.0* como un excelente ejemplo de sabiduría española y mundial.

José Luis Cordeiro, MBA, PhD
<www.cordeiro.org>
Ingeniero, futurista, transhumanista,
singularitariano, inmortalista.

ASÍ EMPEZÓ...

«... el 29 de octubre de 1969, a las 10.30 de la noche, en la Universidad de UCLA, apuntamos este registro en el cuaderno de laboratorio: estamos hablando con Stanford Research Institute, de servidor a servidor, de computadora a computadora por primera vez en la historia de la humanidad a través de una red llamada Arpanet.

»Era el inicio de internet.

»Fue similar a cuando la persona de la cofa de la carabela de Colón gritó por primera vez: tierra a la vista.

»Ese grito y este hito tienen la misma importancia.

»Muchas personas no saben cuál fue el primer mensaje enviado.

»Nosotros sólo queríamos conectar con otra computadora a 644 kilómetros al norte, e iniciar la sesión con un *Log In...*, por lo que hay que escribir primero la palabra *log*, y luego se escribiría el *in*.

»Para asegurarnos de que todo ocurría como esperábamos y funcionaba bien, nuestros dos programadores, uno en UCLA y otro en Stanford, estaban conectados telefónicamente. Charlie, el programador de la UCLA escribió *L* y preguntó: "¿has recibido la *L*?". Bill desde Stanford dijo: "sí, he recibido la *L*". Charlie escribió la *O* y preguntó: "¿has recibido la *O*?". Bill dijo: "recibida la *O*". Charlie escribió la *G* y preguntó: "¿y la *G*?".

»"*¡Colisión!*", dijo Bill. La computadora de Stanford Research Institute se colgó. Así quedó para los anales de la historia que el primer mensaje de internet fue *LO*. Y en el cuaderno apuntamos: *LO and BE HOLD*.

»*LO*, el mensaje que enviamos, y *be hold*, de "detenerse", de "*se paró*".

»Fue un mensaje breve, pero muy valioso.

»Un mensaje poderoso y profético por el significado de *LO AND BEHOLD* en inglés.»

Entrevista personal con **LEONARD KLEINROCK**.

Científico de la computación en UCLA. Pionero y padre de Arpanet, la primera red de redes.

Unos días después, en ese año 1969, una presentadora en un noticiero de televisión de una cadena americana decía: «¿Imaginan sentarse a tomar un café matutino y encender un ordenador doméstico para leer el periódico del día? Bueno, quizá piensen que es un disparate...».

Nota: *LO and BEHOLD* es una frase típica en inglés, de uso común, que ya se utilizaba anterior a la llegada de internet, para sugerir que algo que está sucediendo es un gran evento o es algo muy sorprendente. Cosas del destino. ¡Qué listo!

INTRODUCCIÓN
Notas del autor

... las cosas no volverán a ser como antes.

Esto le decía un *Homo habilis* a otro, paseando por un hermoso paraje en una zona de África, mientras pescaban, un día cualquiera, hace aproximadamente dos millones y medio de años.

¿El motivo? Acababan de descubrir la piedra.

En ese momento de la historia, Paleolítico inferior, todo el mundo hablaba de ello. La vida cambió. La vida les cambió.

La madera, los huesos, y otros materiales, que siguieron siendo utilizados, fueron sustituidos por la piedra, y en particular el cuarzo, la obsidiana, y el sílex (el primer valle del silicio no estuvo en San Francisco, sino en África).

La piedra fue utilizada para fabricar los nuevos *instrumentos* de la época, especialmente las armas de corte y percusión.

Sin ellas, eras un *don nadie*. Estabas *fuera de mercado*.

No estabas en la línea de las nuevas tendencias.

No eras singular. Tu *marca personal* no hubiese valido

nada. Devaluada. No te habrías transformado en la dirección esperada.

No eras un mono VUCA, ni KNOWMAD. Ni...

¿Se le llamaría a ese momento *La Transformación Piedestre*?

El primer *mono-humano*, según nos dicen los expertos, apareció hace aproximadamente algo más de cuatro millones de años, resultado de la llamada hominización, que transformó progresivamente un linaje de primates en aquellos primeros humanos.

Por cierto, humanos que les tocó convivir con los grandes simios antropomórficos, que formaban, junto con aquellos primeros humanos, el grupo social de los homínidos.

Los grandes simios, hasta entonces *los reyes del mambo* socialmente hablando, convivieron durante más de dos millones de años con el *nuevo mono* de su época, que ya estaba empezando a triunfar...

Todos los otros simios querían ser como el nuevo mono.

Cuando llegó «la piedra», con el *nuevo mono* (*Homo habilis*), en el Paleolítico Inferior, todo se transformó.

Entre otras cosas, biológicamente hablando, lo que mayor transformación sufrió fue el propio cerebro de ese *nuevo mono*.

¿Os recuerda a algo esta parte de la historia de la humanidad?

A mí, sí. Quizá sea muy parecido a lo que ahora esté pasando.

En la nueva era, de la tecnología, del silicio, una vez más, cohabitan dos tipos de monos: los *grandes simios* que no pretenden asumir ningún tipo de cambio, asentados en sus resistencias y su aversión a lo nuevo, junto a otros monos, aparentemente iguales, pero que, sin embargo, están muy abiertos al cambio, a lo nuevo, siendo ellos los que, con su quehacer cotidiano, están dando lugar a una nueva especie.

El ***nuevo mono*** también está transformando su cerebro, como ya pasara con el *Homo habilis*, que terminará teniendo, quizá dentro de varios cientos de años, tiempo que en biología no es nada, un tamaño diferente y unos *locus* de funcionamiento también diferentes.

De este *nuevo mono,* de la transformación que el presente está llevando a cabo, y de las expectativas de futuro al que vamos abocados, quiere versar este documento.

Este manual que tienes en tus manos, querido lector, no es un libro de historia. Ni lo pretende. Así que no pondré el *acento* para hablar de transformación referida a otras épocas de la humanidad, que fueron mucho más *Homo sapiens* que la actual, y que son ya muy conocidas por todos, tales como la Edad del Bronce o la era Gutenberg o el momento de explosión de la economía global, llamado globalización... y un largo etcétera, en las que **el cambio** a través de la llegada de nuevas «herramientas», o a través de transformar y evolucionar las conocidas o incluso del descubrimiento de nuevas formas de uso, hizo que se produjera una gran TRANSFORMACIÓN social.

Lo que está sucediendo ahora no es totalmente nuevo. Ya se repite... Sólo es nuevo para nosotros.

La historia está en continua transformación. Desde siempre.

Todas las épocas en las que se vivieron grandes transformaciones tuvieron sus particularidades.

Su SINGULARIDAD.
Vivieron una NUEVA NORMALIDAD.

¿Cuál es la nuestra? ¿Cuál es nuestra singularidad?

¿Cuál es la *nueva normalidad* que impera en esta época de transformación, llamada digital?

De eso quiere hablar este libro, querido amig@.

Quiero con este documento compartir contigo ideas, reflexiones, amenazas, elementos a cuidar, avances a tener en cuenta, modelos de cómo debe ser el nuevo liderazgo en esta *nueva sociedad* que ya está aquí, que ha venido para quedarse entre nosotros, y hablarte sobre los procesos que deberíamos adoptar cuanto antes para poder sobrevivir...

En fin, compartir, sin el ánimo de tener la razón, desde mi humilde conocimiento, y así poder participar en el debate actual más crucial, con mis ideas sobre este *nuevo mono*, que he llamado ciudadano ***beta***... y que ya convive con nosotros.

¿Lo conoces?

Una historia cuenta que varios exploradores, con sus porteadores, avanzaban por una selva; tras varios días de caminata sin apariencia de destino claro, el guía envió a uno de sus ayudantes, experto trepador, a subir a una palmera para ver *el más allá*.

Lo que el trepador descubrió es que se habían equivocado de selva.

Al comunicarlo a los jefes exploradores éstos dijeron: «Calla, calla... ¿no ves que estamos avanzando?».

Y siguieron en ese camino. En esa selva.

¿Te suena?

Muchas veces no estamos en la selva adecuada, en el camino que toca, pero como también es selva, como sentimos, aun equivocadamente, que avanzamos, pues adelante... Sigamos.

Aunque no sea el camino adecuado.

Algo parecido pasa en toda transformación. A lo largo de toda la historia. Digital o no.

La visión no es lo importante. La visión adecuada, sí.

Saber que estamos en «*la selva*» en la que hay que estar, eso sí importa.

Que se trata del camino correcto. Eso sí marca el camino del éxito.

Que no ha habido confusiones, o si las ha habido, se están corrigiendo.

El camino no es sólo la meta, también es el rumbo.

Algo han tenido... y tienen todo tipo de transformaciones sociales que han sucedido a lo largo de la historia de la humanidad:

Siempre han necesitado de un cambio de *mindset* de las personas.

Un cambio en la mente.

Porque una verdadera transformación siempre es cultural o no es transformación.

Sólo se producirá una verdadera transformación si se consigue cambiar la relación de la persona con lo nuevo.

Entenderlo no será suficiente.

Un buen propósito por el que llevar el cambio necesario a cabo no será suficiente.

Mira esta ecuación matemática que claramente lo expresa:

$$T = C + P$$

La transformación necesitará de un cambio (C), aplicado de verdad, implementando, al que sumar un propósito (P), un *para qué* bien comprendido y aceptado.

Pero...
C = N – r

Es decir, el cambio se alimenta de la comprensión verdadera de la necesidad de cambiar (N), a la que se restarán sin ninguna duda las resistencias (r) que los individuos mantengan.

Por lo que, aun sabiendo pocas matemáticas, y sólo con hacer una pequeña sustitución:

T = (N-r) + P

Ojo: el secreto está en saber identificar, comprender, atender y tratar las «r». Las barreras resistentes a lo nuevo.

A lo desconocido. A lo que está por llegar.

Ya sabemos por qué cuando alguien no quiere cambiar, se opone, se resiste al cambio, le decimos que está *erre que erre*...

Toda transformación, me repito, trata y necesita de un *cambio cultural.*

La transformación sólo se produce si conseguimos un cambio en la mente *del público* que necesitamos que se transforme.

Si no, sólo será un espejismo...

Una *selva* equivocada.

Querido lector, al enfrentarte a la lectura de este manual, siéntete dueño de añadir o quitar todo aquello que te falte o te sobre y que tu conocimiento y experiencia quieran aportar.

Es un libro «en abierto», con algunas *páginas en blanco* (metáfora del autor) que han sido pensadas para ser escritas por ti, para tus anotaciones, para tus reflexiones. No dejes de leerlo con lápiz y cuaderno en mano.

Mi intención con este manual que ahora tienes en tu mano no ha sido otra que poner *mi negro sobre blanco,* compartir mis ideas, sobre esta nueva era que ya ha sido llamada **revolución 4.0**.

Compartir una tesis que, en mi modesta opinión, es fundamental en este momento de la sociedad y, mucho más en concreto, en el mundo al que yo me dedico profesionalmente, el del liderazgo, la consultoría empresarial y el *management* en general.

La reflexión, o tesis, que intenta defender este libro, sin ánimo de tener toda la razón, es sencilla, obvia.

Es ésta: ahora, en el momento más crucial de la Transformación 4.0, en la era de lo digital, de la llegada de inteligencia artificial como nunca antes, en el momento en el que irrumpe con mucha fuerza el IoT (internet de las cosas), en la época donde talento y tecnología se han encontrado como nunca antes, donde predomina la velocidad, de forma atractiva y aceleradamente incrementada, lo crucial es

LA PERSONA.

Poner foco en ello, y no olvidarlo en todos los procesos de transformación, será parte del éxito en el camino del cambio.

Los valores, conocimientos y actitudes necesarias de las personas cogen una mayor relevancia. Los modelos de liderazgo deben ser revisados. También todo lo relacionado con la educación, la sociedad, la política, etc. Es el momento de plantearnos seriamente que toda transformación, sin un cambio cultural, sin un cambio que pase por la forma de hacer de las personas, no transformará nada.

Es el momento clave para no confundir digitalización con transformación digital. Para no pensar que, por el hecho de *digitalizarnos*, ya nos transformamos.

Una cosa no siempre está directamente ligada con la otra.

Pueden coexistir juntas, o no.

Querido lector, se trata de poner el foco en LA PERSONA como la base de cualquier transformación. Así de sencillo. Así de complejo.

Con este manual te quiero dar ideas de cómo hacerlo.

Y quiero compartir, de acuerdo con mi conocimiento y experiencias, algunas «*herramientas*» que te permitan llevar a cabo cualquier transformación de la forma más eficiente... y fácil.

Te hablaré del pensamiento DISRUPTIVO, necesario para afrontar con cierto éxito el periodo actual de transformación.

Por favor (petición del autor), no consideres este libro como un libro de recetas, porque no lo es; ni lo pretende.

Atrévete a crear las tuyas propias. Serán las más válidas para ti.

¡A por ello!

Escribo sin ánimo de convencerte.

Sólo con la idea de compartir mis aprendizajes.

Mis propias dudas.

Algo interesante me debe estar pasando, porque cuantos más años sumo, más dudo.

Escribo este libro sin ningún interés de aleccionar a nadie.

Lo escribo desde mi mente inquieta. Sin más...

No quiero que en ningún momento el texto, en el que te vas a adentrar, te pueda confundir. Por eso quiero aclararte que éste tampoco es un libro sobre tecnología. Ni sobre sus avances; aunque en ciertos momentos los nombre.

No es un libro de futuro, sino de presente. Así lo entiendo yo.

Por lo que tampoco quiero confundirte con que puedas pensar, en algún momento del viaje durante sus páginas, que estoy siendo un cronista del futuro que nos espera. *Dios* me libre de ello. No está entre mis intenciones. Ni siquiera pretendo con este documento hacerte pensar cuán grande y maravilloso será el futuro digital que nos acecha.

Te pido algo más, compañero de viaje: ahora que estás iniciando la lectura de este documento... date a ti mismo el permiso de APLAZAR TU JUICIO hasta que completes toda su lectura. A lo largo del libro verás por qué te hago esta petición en diferentes ocasiones. Comprenderás la importancia que, en términos de **pensamiento disruptivo**, tiene la capacidad de aplazar los juicios. No de no tenerlos (¡ojo!), tan sólo de poder aplazarlos en el tiempo. Y así, además de llegar al final libre de juicio por tu parte, a mí me permitirás expresar y compartir, en un último capítulo, a modo de opinión personal, cuál es mi visión de este nuevo entorno que hemos llamado *BETA*. Sin ánimo de tener razón... con tan sólo la idea de aprender juntos.

Desde la máxima humildad, y desde mi modesto predicamento, quiero contarte mi experiencia en transformación de las organizaciones, mi conocimiento sobre el tema, las observaciones y aprendizajes que en los últimos tiempos, he podido hacer sobre el nuevo entorno digital, pero también muy humano, cultural, en el mundo de las organizaciones públicas y privadas, en los negocios donde a través de mi empresa Think&Action, y otras, he podido participar.

Y de cómo tendrá que enfrentarse a todo ello el nuevo líder junto a todos los *CIUDADANOS* de su entorno profesional y personal, que ya no pueden escapar de ser y vivir en un entorno *BETA*, bajo los modelos de pensamiento disruptivo y el paraguas de la digitalización.

El *nuevo mono*, al que me referiré en el texto con mucha frecuencia, ya habita entre nosotros.

Tú puedes ser ya uno de ell@s.

Hablo de ti...

1. EL CIUDADANO *BETA*

El cambio es lo único permanente.

HERÁCLITO

El jefe de la tribu estaba muy preocupado. Los resultados de las cacerías en los últimos meses no habían sido los esperados.

La gente de la aldea, especialmente los cazadores, estaban muy preocupados, de ellos dependía el futuro de todos.

Jefes de otras aldeas cercanas le habían hablado de nuevos modelos de caza; modelos con los que obtenían mejores resultados que nunca antes. Usaban una nueva tecnología llamada rifle.

El jefe de la tribu no lo dudó. Llamó a expertos consultores en *transformación caceril* para que implementaran nuevos procesos y herramientas, basadas en la nueva arma-rifle, entre sus cazadores.

Así se hizo. Todos estaban ya modernizados. Contentos.

Muy esperanzados con su nuevo futuro.

Con aquellas nuevas formas de cazar los resultados aumentarían sustancialmente. Así lo decían las estadísticas que llegaban del mercado.

Para empezar con éxito el proyecto, el jefe organizó un *kick off* como base de partida, y varios *off-site*, en los que todos los cazadores, que habían sido convocados, deberían comprender la importancia de los rifles... nueva tecnología aplicada a la caza más moderna. Así se hizo. Nadie puso ninguna objeción. Todo se desarrolló con total normalidad.

De hecho, un gurú famoso y experto en transformación les dio una fantástica y motivadora charla sobre la *gestión del cambio* y sobre la *nueva normalidad* referente a la caza.

Las lanzas quedarían abandonadas para siempre. Lo nuevo era el rifle.

Todo el mundo hablaba de ello...

Por fin, la aldea habría entrado en la nueva modernidad.

Sin embargo, los resultados del primer mes de caza no fueron, ni por asomo, los que esperaban. Quedaron lejos del objetivo marcado.

Pero el jefe y el *coach* que le asesoraba no se preocuparon mucho, lo achacaron a la novedad. «Lo nuevo cuesta», dijeron...

«Seguro que el mes próximo será diferente, mejorarán mucho y recuperaremos lo no conseguido en este periodo...»

El segundo mes, los resultados fueron todavía peores.

Siguieron bajando. El jefe, tan agudo en sus explicaciones, encontró el motivo por el cual estaría pasando esto: era una mala época de caza.

Les dijo: «Ya se sabe que la mayoría de las especies ahora han emigrado o están en estado de hibernación. Es normal que bajen las capturas. Han bajado para todos, es una cuestión de mercado».

Al tercer mes, los resultados fueron espantosamente malos.

La aldea pedía al jefe, alzando la voz, que hiciera algo... Estaban nerviosos.

Pero él añadía: «Calma, calma, los resultados no tardarán en llegar; es una cuestión de tiempo. Todavía no llevamos ni cuatro meses».

Intentó apaciguarles.

El cuarto mes fue el definitivo. Los resultados quedaron muy lejos de lo esperado y la aldea empezó a desestructurarse. Algunos, los mejores cazadores, los de más talento, emigraron a otras aldeas. Allí descubrieron nuevas formas de hacer uso del rifle.

Este cuarto mes, el jefe reunió a todos los cazadores en una convención de urgencia y les largó un largo sermón que había preparado concienzudamente con su *coach*. Era motivador, lleno de datos, de información sobre análisis del mercado frente a la competencia de otras aldeas cercanas, ilustrado con frases de grandes líderes de la historia de la humanidad, en el que se reforzaban criterios de liderazgo cruciales, tales como la perseverancia, la importancia de mantener los sueños, sobre la actitud, la resiliencia... y un largo etcétera.

Todo el discurso fue maravilloso. Nadie dijo nada. Todos escuchaban y callaban. En algunos momentos incluso bajaron la cabeza y asintieron con un tímido «lo intentaremos», o un ruidoso «vamos a por ello».

De nuevo, no hubo grandes objeciones. Los cazadores, aquellos que quedaron sin irse de la aldea, se sintieron de nuevo con «*las pilas puestas*».

A la salida de la reunión se oyó que un cazador comentaba a otro:

«Mira... yo qué quieres que te diga, dirán que esto es la

modernidad, y otras muchas patrañas, pero las lanzas se arrojaban mejor que los rifles y, al menos tenían punta que se clavaba, pero con esta porquería de rifles, que pesan más y cuestan más de lanzar, no hay forma de que lleguen ni de que se claven en ninguna pieza».

Una pequeña historia que nos ayuda a comprender que, quizá, el verdadero secreto de cualquier transformación esté en la EJECUCIÓN.

En la ejecución excelente. Hagamos caso al *coach* Platón, y digamos lo más importante, lo primero...

Así, lo que sucedía en la aldea de la historia anterior puede estar ocurriendo hoy día en muchas organizaciones. Tanto si hablamos de transformación digital, bandera de nuestra nueva era, como de cualquier otro tipo de transformación que se esté implementando en las empresas privadas y las organizaciones públicas. Así pasa en el nuevo *management*, pero también en el mundo de la educación, las administraciones públicas o la medicina... entre otros.

Queremos cambiar haciendo lo mismo, pero eso sí: con las nuevas *armas*.

Tenemos nuevas aplicaciones, plataformas, herramientas digitales y un largo etcétera de nuevas tecnologías que *lanzamos*, metafóricamente hablando, como si fueran las viejas flechas, cuando ahora estamos ante un *nuevo modelo de arma*, un arma de fuego, que requiere un cambio de uso y un cambio en *la cultura de la caza*.

El cambio es incómodo. Eso lo sabemos.

Una pequeña propuesta para comprobarlo:

Cierra el puño. Aprieta fuerte todos los dedos una vez cerrado el puño.

Una pregunta mientras mantienes el puño bien cerrado y apretando fuerte: ¿dónde ha quedado tu dedo pulgar, el gordito, dentro o fuera del resto de dedos?

El 99 por ciento de las personas dejan el dedo pulgar liberado, fuera del resto de los dedos. ¿Y el tuyo?

Sigue así, con el puño cerrado y los dedos apretados...

Ahora, después de mirarte la mano cerrada, ábrela rápidamente y vuelve a apretar el puño, pero con el dedo pulgar en el interior, entre los otros...

¿Lo sientes raro? ¿Cuál es tu sensación ahora?

Es una miseria de cambio y aun así genera sensaciones raras.

A veces de cierta incomodidad. Sólo por mover la posición de un dedo en un pequeño ejercicio.

Ya sabes que esto del cambio es un predicamento necesario, fuente de la que se alimentan todos los gurús en todas las épocas de la historia de la humanidad. Pero cambiar, no hablar de ello sino hacer que suceda, se convierte en lo más difícil de llevar a cabo.

En cualquier curso de dirección y empresa, en los MBA, o en cualquier conferencia en las que participo, raro es el caso en el que el cliente no me pida, en su *briefing*, que hable del cambio.

Que aporte ideas sobre cómo afrontarlo. De cómo realmente llevarlo a cabo. Amig@s, no existen recetas únicas. Aunque más adelante nos adentraremos en algunas ideas, sin tratarse de recetas, pero todo empieza en la persona, en un cambio de *mindset*, individual y grupal.

El ciudadano *BETA* no sólo ha entendido el cambio en el que está inmerso sin poder escapar, sino que se atreve a implementarlo, asumiendo riesgos y asumiendo errores.

A los que con seguridad tendrá que enfrentarse...

El ciudadano *BETA* sabe de cambio, vive en un estado continuo de transformación. Es un ejecutor por excelencia.

No sólo ha comprendido la importancia del cambio. Sino que ha sabido, por encima de todo, romper con el pasado. Ahí radica la dificultad.

Lo difícil no está en tener nuevas ideas y formas de hacer las cosas, sino en romper con lo antiguo.

Su diferencia no consiste en saber que el cambio es necesario, sino en llevarlo a cabo...

Equivocándose y asumiendo el error como parte del *juego*.

Iterando, es decir, repitiendo algo las veces que sea necesario para poder avanzar; aprendiendo de cada etapa. De cada fallo.

El ciudadano *BETA* vive como un aprendiz continuo todo el tiempo.

El ciudadano *BETA* primero hace y, con lo aprendido, planifica.

Vivir en *BETA*, nos guste o no, es una realidad de la que no podemos escapar. La vida se vive en *BETA*, dice este libro en su primera página... Porque se vive cambiando, evolucionando.

Lo que caracteriza fundamentalmente al CIUDADANO *BETA* es que ya no cree que su futuro pase por entender el fenómeno adaptativo continuo. Se salta la teoría de Darwin. Ya no puede sobrevivir pensando en adaptarse como medio de subsistencia.

VIDA ≠ ADAPTACIÓN
VIDA = DISRUPCIÓN

Sabe, y así lo hace, que a diferencia de lo que Darwin nos enseñó, en su teoría sobre *la evolución de las especies*, la ADAPTACIÓN no es la única solución a la subsistencia. La adaptación es una de las posibles respuestas al cambio. Válida en algunos momentos y casos. Mucho más en la historia cercana del individuo y las organizaciones.

El CIUDADANO *BETA* responde al cambio no con adaptación, sino con DISRUPCIÓN.

La adaptación es la capacidad de modificar algo con el fin de ajustarlo para que sea válido, sirva de nuevo en una situación nueva y con características distintas. A veces se trata de ajustar conductas, hábitos, ante determinados cambios; y con la intención de perseguir un determinado objetivo. Generalmente el objetivo final es no tener una pérdida sobre lo ya conseguido. Adaptarse, así lo dice el diccionario, también es cambiar lo necesario para acomodarse a una situación y así permanecer, no salir de ella.

La disrupción es la capacidad creativa de idear y hacer cosas nuevas.

De re-nacer, de volver a nacer en diferentes momentos.

Cada vez que sea necesario.

Es la capacidad de observar la realidad de una manera desacostumbrada. Se alimenta del pensamiento lateral disruptivo. Del pensamiento creativo *hibridativo*.

Pasa por hacer las cosas de una manera diferente.

Por abrir nuevos espacios a la oportunidad.

Utiliza nuevos y viejos recursos, y los mezcla, para enfrentarse a los nuevos desafíos ofertando nuevas maneras de hacer que las cosas pasen, con sentido positivo y don de la oportunidad.

El *nuevo mono* sabe que vive
NO EN UN MUNDO de *CAMBIO PROGRESIVO*,
sino en UN MUNDO de ***CAMBIO DISRUPTIVO***.

Sabe que no tiene tiempo de ir adaptándose...
Las cosas tienen que ser «YA».
Y sabe que la vida empieza cada día, permíteme ser exagerado, con un nuevo folio en blanco donde todo está para ser creado, para ser redefinido.

Nos guste o no, deberíamos prestar más atención al modo de pensar disruptivo, porque ya vivimos bajo una nueva realidad: el cambio al que estamos sometidos actualmente, a diferencia de otras épocas de la historia de la humanidad, es de una aceleración sin precedentes
... como jamás antes se ha conocido.
Eso sí, para que sea realmente efectivo, debe centrase en la PERSONA, en el SER HUMANO. Permíteme ser repetitivo en esta tesis; punto de partida. Inicio del *todo.*

Vivir la vida en *BETA* nos da la oportunidad de vivir aprendiendo y *creciendo* de forma continua. Es el mejor aliado que tenemos para hacer frente a la incertidumbre.

La cultura *beta* tiene su origen en el área tecnológica.
Vivir en *BETA* es tener todo ***en estado de prueba*** constantemente.
Es cuestionarse todo siempre. Permanentemente.
Es vivir, sin perfeccionismos, bajo una exigencia orientada a la mejora continua disruptiva.
Es vivir bajo un estado de observación y sorpresa sin límites.

Es una forma de desarrollar el pensamiento crítico.

De estar abierto a otras visiones, nuevas; de no darles permiso a las razones que te anclan al pasado.

El ciudadano *BETA* es colaborativo, generoso. Da y pide.

Interactúa para avanzar. Comparte talento. Su *inteligencia* no le pertenece, es colaborativa, se usa para conectar con las otras *inteligencias*. Con todos los talentos posibles.

Se trata de aprender por aprender.

De hacer un *reset* cotidiano de casi todo.

La tecnología ha acelerado la forma de entender la vida.

Y a eso no nos podemos enfrentar con miedos sino, más bien, con el ánimo de sacarle el mayor partido. De evolucionar.

Los nuevos cambios, si en el centro está la PERSONA, nos pueden ayudar a tener una vida más plena, más creativa, más compartida con los demás, mucho más generosa, más apasionada.

Suponen una enorme ventaja en el plano individual y también en nuestro trabajo en las organizaciones. Y en la esfera social y familiar.

La competitividad ha cambiado de mantra.

El ciudadano *BETA* prefiere la colaboración a la competición.

COMPITE cuando es necesario. Compite desde la colaboración.

Vivir en *BETA* es vivir bajo estado de prueba.

El secreto radica en probar y en probar juntos.

Crear prototipos, no sólo de productos, sino también de ideas, de estados mentales, de nuevas formas de organización... de todo.

Prototipar, probar, iterar mejorando... y volver a probar.

Ya no vivimos en un mundo *distópico*, donde todo es conocido y se mantiene inamovible con el paso del tiempo. Ni siquiera en una ilusión de mundo *utópico*, donde todo estará por llegar sin tener nunca fin.

Hoy, el ciudadano *BETA* es *protópico*.

La *protopía* es una forma de vivir en estado continuo de transformación. Las cosas hoy están mejor que ayer, aunque sólo sea un poco mejor y nunca estarán perfectas. Se trata de vivir aprendiendo y generando estados de mejora gradual o *ruptural*, de pequeños progresos o grandes disrupciones. Todo modelo convive.

El «*pro*» de protopía procede de las palabras *proceso* y *progreso*. Procesos mejorables de forma continua, disruptiva, iterativa, para alcanzar progresos a veces muy pequeños, que aparecen sin darte cuenta, y que otras veces son resultado de cambios dramáticos.

Así, por ejemplo, la tecnología penetra en nuestra vida, casi sin darnos cuenta... Sin dramas en la mayor parte de las ocasiones. Así, un abuelo de hoy, con ochenta y cinco años, sin saber ni cómo, pasa parte de su tiempo diario en WhatsApp o tiene una página de Facebook que visita con asiduidad. No sabe ni cómo ha llegado ahí; pero está.

El ciudadano *BETA* no espera lo perfecto. Se aventura con sus ideas a la espera de que la acción le ayude en la mejora. Perfección y modelo *BETA* están reñidos por la propia definición.

BETA es prueba, disruptiva o no... y mejora continua.

En el mundo *BETA* no existe lo perfecto. Ni se persigue.

Se persigue la excelencia, que no es lo mismo.

Un antiguo paradigma del simio anterior, el «*Homo sapiens*», nos enseñó: cuando algo esté perfecto, hazlo. Mientras tanto, espera.

Por ejemplo, en el caso de un nuevo producto, antes de ser lanzado a un mercado.

El nuevo paradigma, el del *nuevo mono*, nos dice:

Prueba, lánzate, inténtalo haciendo que pase, empieza con ello... Y luego mejora, avanza, crece sobre lo HECHO.

Ahora es mejor lanzar un producto en un mercado y durante el camino aprender, ir mejorándolo, avanzando.

El *feedback* que se reciba será importante para aprender y para hacerlo cada vez mejor, más adecuado a los intereses del consumidor o de cualquier eslabón de la cadena de valor.

Esto es igualmente aplicable a multitud de situaciones que se nos presentan en la vida. Se trata de crecer desde el aprendizaje ágil y continuo. Para el *nuevo mono* es lo fundamental en su estilo de vida.

Y todo esto bajo un estado continuo de INCERTIDUMBRE.

La vida es incierta. Todos lo sabemos.

La vida no es cómoda. Todos lo sabemos.

La vida no es segura. Todos lo sabemos.

Por lo tanto, vivir en incertidumbre es lo normal.

Este es el atributo principal de LA NUEVA NORMALIDAD.

... O no tan nueva. Si les pudiéramos preguntar a los monos de la Edad del Bronce no sé qué nos dirían, creo que ellos no pudieron vivir la época de la historia que les tocó sin incertidumbre.

En un capítulo posterior de este libro, que versará sobre «Un viaje al interior», hablaré de la incertidumbre con un poco más de profundidad, entrando en más detalle...

BETA, sin más pretensiones, es tan sólo una forma de denominar a este nuevo paradigma que nos permite relacionarnos de forma diferente con este *nuevo mundo* en el que estamos inmersos.

El ciudadano *BETA* es el *nuevo mono* que lo habita, que ya está entre nosotros. Que muy pronto, en unos cuantos siglos, dejará de ser «*sapiens*», para ser «HOMO *BETA*»; o como los biólogos del futuro le quieran llamar a esta nueva especie.

Hoy le hemos llamado así... para distinguirla del viejo simio.

2. *BETALANDIA* La *nueva* normalidad

La estabilidad es una ilusión.

En *Betalandia*, sus ciudadanos tienen algo muy claro: LA REALIDAD ESTÁ EN CONTINUO MOVIMIENTO.

Y eso la hace más real.

DESTRUIR es un síntoma de progreso e inteligencia social, ya que así se tiene la posibilidad de construir de otra forma, mejor, más adecuada, singular...

Betalandia es una sociedad líquida.

Término acuñado por el sociólogo más revolucionario de las últimas décadas, Zygmunt Bauman. Se refiere Bauman a una sociedad actual poco estable, entendiendo la estabilidad como la entendían nuestros abuelos, donde un trabajo era para toda la vida, un amor también, los muebles de la casa se compraban para que durasen... Un mundo sólido aquel, en el que todo se hacía con mente de continuidad. Para siempre. Ahora la vida es líquida. Móvil. Cambiante. Vivimos en un mundo en el que lo precario es lo normal. Donde todo adquiere un sentido provisional. Donde todo está de paso, en movimiento continuo.

Como dice una conocida canción de Jorge Drexler, *ya no vivimos con pertenencias, sino con equipaje.*

Muy recomendable el libro del profesor Bauman, *Modernidad líquida.*

Desprenderse de patrones y de estructuras fijas es lo normal.

La inestabilidad es lo normal.

La consecuencia principal del mundo opuesto a lo sólido es que crea ansiedad en las personas, según Bauman. La necesidad de reinventarse en el empleo provoca que muchos trabajadores *se queden atrás* y que no cumplan con los requisitos necesarios en la actualidad para atender las nuevas capacidades y necesidades profesionales. En la sociedad actual, no podemos aferrarnos a nada, porque todo es cambiante y efímero.

Todo es líquido, y la posibilidad de perderlo todo es más que probable. Es lo común. Lo normal.

Las líneas divisorias entre disciplinas están, cada vez más, desordenadas, borrosas, entremezcladas.

Las barreras desaparecen y las ideas *flotan.*

Los límites geográficos son pura entelequia.

Las ideas no pertenecen a los que las tienen, sino a los que las hacen.

Ahí radica el éxito.

El paisaje socioeconómico ha cambiado: desregularización, digitalización e internacionalización hacen que todo tipo de barrera caiga. Las industrias están borrosas. Mezcladas en su origen.

¿Quién puede distinguir hoy bien entre un banco y una

empresa de seguros? ¿O entre una empresa de telefonía y otra de contenidos de ocio? Por poner sólo dos ejemplos...

Producción y consumo se funden en el llamado *prosumo*.

El *prosumidor* es, a la vez, consumidor y productor.

Hablemos, por ejemplo, del universo IKEA. Compras, pagas y te lo produces. O de Airbnb. O de Bla Bla Car... entre tantos otros.

La tecnología de información abre un gran abanico de posibilidades a las nuevas formas de comercializar un producto o servicio.

Productos y servicios que tampoco se pueden distinguir bien, que también tienen una relación borrosa. *¿Provicios? ¿Serductos?*

En *Betalandia*, la separación entre trabajo y placer también es cada vez más borrosa.

En fin, *Betalandia* es una sociedad mucho más borrosa que la de nuestros antepasados más cercanos. El *nuevo mono*, ciudadano *BETA*, que habita *Betalandia*, ya no sabe vivir en otro modelo social.

No quiere. No acepta las viejas reglas.

Hasta no hace mucho, las cosas no eran así. Nuestros padres no lo vivieron así.

Otros términos, en esta sociedad borrosa, nos invaden: Redes sociales, *smartphones*, tabletas, drones, *phablets*, impresoras 3D, inteligencia artificial, robótica, *streaming*, tecnología 4G, IoT, VolP, realidad aumentada, pantallas Amoled... y un largo etcétera.

Son *el pan de cada día*. No se entiende la vida sin ellos.

(*Nota del autor*: a veces no se vive la vida por ellos.)

Viven en todos los entresijos de nuestra vida cotidiana.

Nos levantamos por la mañana ya pantalla en mano.

Es un tsunami imparable.

Al pagar en una máquina expendedora de cualquier tipo, o antes de alquilar un coche, o en un parking de cualquier ciudad, sonríe, porque te estarán grabando... La inteligencia artificial será la partida de inversión más grande en innovación para los próximos años, tanto en empresas como en gobiernos.

En países como China el gobierno se alía con empresas como Ant Financial, experta en servicio de pagos *online*, la distribuidora Alibaba, la compañía de alquiler de coches Didi Chuxing y el motor de búsqueda Baidu. Objetivo: reconocer, conocer, clasificar y organizar a la mayoría de los ciudadanos, clientes, proveedores y trabajadores de este conglomerado gobierno-empresa. El país asiático quiere que la inteligencia artificial se convierta en el primer motor empresarial en el año 2025, según desvela el informe «Next Generation Artificial Intelligence Development Plan».

La tecnología nos permite ya resolver problemas complejos irresolubles para los humanos, reconocer imágenes en búsquedas de datos con motores hiper-veloces y bajo herramientas que entienden el lenguaje, en cualquier idioma, tales como *machine learning*. Se trata de redes neuronales artificiales que han conquistado ya sectores como la medicina, las finanzas, la ingeniería, la automoción, la venta, la relación con el cliente...

Compañías como la californiana Ozlo, fundada hace tan sólo cuatro años y ya comprada por Mark Zuckerberg, han creado asistentes virtuales artificiales que son capaces de responder a consultas de usuarios de una empresa u organización, basándose en búsquedas a través de internet, en *datas* como Yelp o TripAdvisor, ente otros cientos... Se les ha dado en llamar *bots* o *mayordomos digitales*.

Son capaces de procesar el lenguaje, gracias a la aplicación de inteligencia artificial de modelos neuronales artificiales, hasta el punto que entienden las órdenes de los usuarios.

Uno de ellos, presentado públicamente el pasado 13 de julio, y que se ha denominado Pepper, es incluso capaz de reconocer las emociones de las personas que le contactan.

Ya empiezan a actuar como mediadores entre los *chats* y las empresas.

Ya se puede comprar comida para entregar a domicilio o reservar un billete de avión sin entrar en la web de una empresa ni a través de una app. Nuevo software... inteligente. Y con una *experiencia de cliente* hipermejorada.

Asistentes como AlphaGo, software basado en inteligencia artificial de la *startup* británica DeepMind, auspiciado por Google, derrotó al máximo experto mundial y campeón en el juego de estrategia «go», al surcoreano Lee Sedol. Fue todo un hito. La victoria de AlphaGo sobre Sedol, en 2016, no fue la primera de una máquina sobre un humano en un juego de estrategia: en 1997, el ordenador DeepBlue, de IBM, ganó por primera vez en un torneo a seis partidas al mejor jugador de ajedrez del mundo en ese momento (y que posiblemente sea el mejor de todos los tiempos), Gary Kasparov.

El año anterior, 1996, una versión menos evolucionada de DeepBlue y Kasparov se habían enfrentado ya, también al mejor de seis partidas. En esa ocasión, el ordenador le ganó una partida al humano, pero perdió el torneo. Es posible que DeepMind se llame Deep en homenaje a DeepBlue.

Un auténtico caso de *machine learning*; de redes neuronales inteligentemente artificiales, capaces de resolver problemas complejos.

Otros asistentes como Siri, de Apple; Alexa, de Amazon; Cortana, de Microsoft o Google Assistant ya están avanzando, replicándose bajo nuevos modelos que se activan con inteligencia artificial. En unos años formarán parte *de lo normal.* Vivirán con nosotros. Llegarán sin darnos cuenta. Entrarán en nuestra vida poco a poco. Sin anestesias...

Es la llamada NUEVA NORMALIDAD.

Término que nace de los expertos en análisis de tendencias económicas. Les encanta poner etiquetas a las diferentes épocas: la gran recesión a comienzos de 2007, la gran depresión en los años treinta del siglo pasado, el estado de moderación a principios de los años 2000..., y ahora LA NUEVA NORMALIDAD.

Se entiende como un periodo de crecimiento moderado aunque, curiosamente, con altas tasas de desempleo en entornos de estímulos monetarios sin precedentes. El nombre deriva del gran debate sobre cuál será el nivel de tasas de interés adecuado una vez que la economía no requiera sobreestímulos.

Un periodo en el que nada está claro. En el que todo cambia de un momento a otro. Donde predomina el vivir bajo un estado de riesgo continuo y de fragilidad, pero con muchas fuerzas que lo sostienen.

LA NUEVA NORMALIDAD es una forma de denominar al nuevo modelo que han adoptado nuestros empleos, las relaciones con los demás, la necesidad de una nueva educación y formación, nuestras formas de consumo... es decir, la nueva forma, incierta, de entender la nueva sociedad que, a principios de este siglo, ya está empezando a construirse. Una sociedad que será, en un futuro no muy lejano, sólo en un par de siglos, la *BETAlandia* creada para el *NUEVO MONO.*

Boston Dynamics, compañía de robótica, antes de Google y ahora de la japonesa SoftBank (muy borroso, una empresa que es un banco y a su vez una empresa de telecomunicaciones; que mezcla finanzas con robótica), ya ha creado cuatro robots estrella: Spot, el antropomórfico Atlas, el pequeño SpotMini y el atlético Handle. Los cuatro nos animan a pensar que la frontera entre lo artificial y lo humano es muy borrosa.

Muy poco diferenciada. Que tendremos que empezar a pensar en cómo relacionarnos con ellos.

Especialmente si hablamos de lo que a empleos de futuro se refiere...

¿Habrá una desaparición masiva de empleos, como algunos gurús del momento vaticinan?

Un estudio de la Universidad de Oxford asegura que se destruirán unos mil seiscientos millones de puestos de trabajo en los próximos dieciocho años.

La OCDE nos dice que un 12 por ciento de los empleados españoles podrán ser sustituidos de sus trabajos por robots en los próximos cinco años. Y Comisiones Obreras vaticina que en 2020, el 26 por ciento de los puestos de trabajo mundiales estarán desempeñados por máquinas.

Una empresa de seguros japonesa ha montado una plataforma de trabajo digital que le ha permitido sustituir a 34 de sus empleados administrativos.

¿Quieres saber cuánto tiempo le queda a tu puesto de trabajo?

Entra en Google, busca *Will robots take my job?*

Basándose en el estudio de Oxford te calcula el tiempo en el que tu trabajo será sustituido por un robot.

Esto no es nuevo en la historia de la humanidad.

Ya pasó en diferentes épocas. Se vivieron con el mismo miedo, con la misma incertidumbre.

Los sabotajes contra los telares mecánicos por parte de artesanos y obreros empiezan desde la misma invención de esas máquinas, que suele situarse en el siglo XVII. Su mayor expresión, con el despliegue del ejército para reprimirlo en el Reino Unido, es el movimiento «ludita», que vivió su apogeo entre 1811 y 1813, es decir, a principios del siglo XIX. Un ejemplo más cercano lo podemos encontrar en la destrucción a manos de artesanos y trabajadores de los telares mecánicos del vapor Bonaplata, sito en la calle Tallers de Barcelona, se produce en 1835.

La sociedad, *por naturaleza*, siempre se ha opuesto al progreso progresando. Curioso.

Rosa Montero en uno de sus artículos del El País nos decía, reflexionando sobre este tema, «no se puede desinventar lo inventado».

Lo que sabemos no puede ser olvidado.

Estamos en un momento fascinante, a la vez que peligrosamente turbulento.

En cualquier caso, algo no ha cambiado: el poder de la PERSONA en todas las decisiones de futuro.

Hagamos un poco de historia para llegar al presente de *BETAlandia*.

Hubo un tiempo en el que trabajar para mantener un negocio era suficiente. Se trataba de vender y vender... y vender.

Tener una Ventaja Competitiva Sostenible (VCS), nos decían los gurús de la época, era lo que nos hacía fuertes. Una vez clara la VCS, tocaba promocionarla, promocionarla... y promocionarla. Comunicar la diferencia.

¿Es posible, actualmente, «sostener» una ventaja en el tiempo?

Es más... ¿Es posible, HOY, tener una ventaja que realmente sea competitiva? ¿Se perciben, HOY, con nítida claridad las diferencias entre unas ventajas y otras? ¿O todo es HOY mucho más *borroso*?

Hoy vivimos en un mundo donde todo está hiper-conectado. Donde las Propuestas de Valor son percibidas como iguales o las diferencias son mínimas, donde diferenciarnos y diferenciar nuestras marcas y productos se hace cada vez más difícil, donde la sostenibilidad de un negocio en el tiempo es mucho más compleja...

Sin embargo, opino que, bajo este nuevo paradigma, en esta nueva organización de la sociedad que hemos llamado *BETAlandia,* el *nuevo mono* debe saber y tener en cuenta algo fundamental:

el mejor valor diferencial, la mejor PROPUESTA DE VALOR, está en él mismo.

La aportación de valor diferencial: **¡TÚ!**

Tú eres lo verdaderamente diferente en este proceso de aceleración social de cambio, alimentado por nuevas tecnologías digitales, por movilidad excesiva, crecimiento de la oferta, desintermediación en la demanda, automatización, inteligencia artificial y toda la larga lista de nuevas *normalidades* en el entorno vital.

En el pasado, no muy lejano, a esto le llamábamos ciencia ficción.

Hoy es ya realidad. Te ha tocado vivirlo. Da igual la edad que ahora tengas. Da igual el sector profesional al que te dediques. Da igual que seas bohemio o empresario, maestro o cirujano, químico industrial o payaso...

Empieza a pensar en automóviles que se conducen solos, en profesiones para tus hijos que hoy no existen, en ordenadores que aprenderán sin ti, en modelos de negocio que no se parecerán a los actuales ni en un 5 por ciento de su ADN. Piensa en el IoT (*internet de las cosas*), millones de petabytes de almacenaje y distribución de información que conectarán «las cosas» sin necesitarnos. Piensa en una nueva medicina, en terapias génicas. Y un largo etcétera.

La forma en la que trabajaremos, muy pronto, ya no será como ahora.

Las habilidades que necesitaremos serán diferentes. También los líderes tendrán que reinventarse. No se podrán dirigir los procesos ni las personas como lo hacíamos hasta ahora.

Y en toda esta turbulencia, ¿has pensado cómo vas a hacerlo?

¿Cómo vas a responder a ello? ¿Cómo vas a descubrir nuevas oportunidades para tu negocio o para ti como profesional?

¿Estás formando parte de los que lideran este cambio o estás observándolo desde tu *ventana* mientras pasa?

El pensamiento disruptivo, en *BETAlandia,* es la nueva norma.

¿Estás preparado para ello?

Los cambios ya no ocurren de forma gradual. Ya no vale con adaptarnos poco a poco...

¿Estás preparado para ello?

Todo está conectado. Muy pronto coches, electrodomésticos, aeropuertos, quirófanos, escuelas... estarán también conectados entre sí... No sólo las personas.

¿Estás tú conectado? ¿Tienes tu organización conectada?

La computación cuántica alimentará los *big data* del momento.

El IoT permitirá, como nunca antes, una aplicación diferente de la inteligencia artificial.

¿Estás preparado para ello?

El uso de los utensilios cotidianos será diferente.

¿Está tu modelo de negocio, tu equipo, tú... preparado para ello?

Pues bien, en este nuevo entorno *betalándico* hay una cosa que NO podrá ser digitalizada. Ni siquiera automatizada.

Y se convertirá en algo muy valioso.

Se trata de ti mismo, es decir, del SER HUMANO.

Inteligencia artificial y humanidad se mezclarán. Eso sí.

Pero el ser humano, la persona, será lo más valioso.

El acento diferencial.

Los rasgos exclusivamente humanos como la creatividad, la imaginación, la intuición, la gestión de emociones, la ética... cobrarán un valor incalculable en la diferencia de tu propuesta de valor.

La PERSONA será el centro de mayor atención de valor.

Siempre lo ha sido. Ahora más.

Las máquinas serán muy buenas simulando entornos, eligiendo entre algoritmos, produciendo, desarrollando mejores procesos..., pero no lo serán nunca SIENDO, NI SINTIENDO.

El amor, en su sentido más amplio, seguirá siendo algo sólo nuestro, de los humanos.

La tecnología no es talento. Así lo creo yo...

Permíteme, lector, equivocarme.

El *porqué* de las cosas, el *para qué* de las cosas, seguirá siendo nuestro. En el futuro, los negocios y la sociedad en general serán más líquidos, holísticos, pero necesitarán más que nunca al SER HUMANO, a través de nuevos modelos de liderazgo, lleno de conversaciones poderosas, calidad de *feedback*, nuevas formas de entender el trabajo en equipo, de manejar la creatividad... y la gestión de la incertidumbre.

El cambio que llega no es digital. O, al menos, no sólo digital.

No nos dejemos engañar.

Se trata de una TRANSFORMACIÓN CULTURAL.

La gran oportunidad está en vivir el cambio aprendiendo de él.

Esto nos hará más fuertes. Mejores ciudadanos *BETA*.

Humildad y Humor, tan defendidos por este autor en su libro *El factor H*, que publiqué antes que éste, serán más necesarios que nunca.

Tengámoslo claro: EL FUTURO NO VA A OCURRIR SIN NOSOTROS.

El futuro de esta nueva *BETAlandia* está siendo construido por nosotros, los HUMANOS.

Nuestra nueva forma de trabajar e interactuar con el entorno y con lOS consiste en adoptar la tecnología, pero no convertirnos en ella.

No somos tecnología. Vivimos con ella. Es diferente. Querido lector, es diferente... No te dejes confundir.

El futuro no está en la tecnología, sino en aprender a vivir con ella y aprender a trascender por encima de ella.

En entender esta nueva etapa vital, no sólo como una

transformación digital, sino como una transformación cultural de los humanos para ser unos nuevos humanos: hecha por y para la mejora de la humanidad.

Por ello, científicos y empresarios de todo el mundo instan a los gobiernos a crear un marco legal que delimite las responsabilidades del sector de la robótica y el uso de la inteligencia artificial (*Financial Times*, 3 de septiembre de 2017). Objetivo: que las máquinas no lleguen a suponer nunca un peligro para la humanidad.

En Estados Unidos, **Ryan Calo**, catedrático de Derecho de la Universidad de Washington, ha estudiado ya nueve casos penales relacionados con el uso de robots en la última década.

Están con nosotros. Y también incumplen leyes.

Trazar una línea entre humanos y robots empieza a complicarse, incluso si hablamos de legislación. La tecnología difumina los límites entre lo humano, la persona, y los robots, es decir, el instrumento. Nunca antes en la historia de la humanidad, con ningún otro tipo de instrumento, pasó algo parecido.

David Hanson, fundador de Hanson Robotics, con sede en Hong-Kong, explica que los robots, cada vez más, no sólo son capaces de comprender el lenguaje verbal y hacer uso de él, sino también el no verbal. En cuanto convivan más con los humanos, añade Hanson, y gracias al diseño de algoritmos inteligentes inspirados en la biología, aprenderán a manejar emociones, la tonalidad del mensaje y otras características de la comunicación humana, como gestos faciales y expresividad en las manos.

Murray Shanahan, del Google DeepMind, va más allá. Se refiere a los robots como individuos artificiales que adquirirán conciencia. Y le han llamado a esta conciencia de la máquina con el término de «personalidad electrónica».

El *nuevo mono* sabe todo esto. Y no huye. Conoce el entorno *BETA* en el que le ha tocado vivir. Y lo acepta. Cambia su miedo al futuro por la fuerza del presente en el que vive.

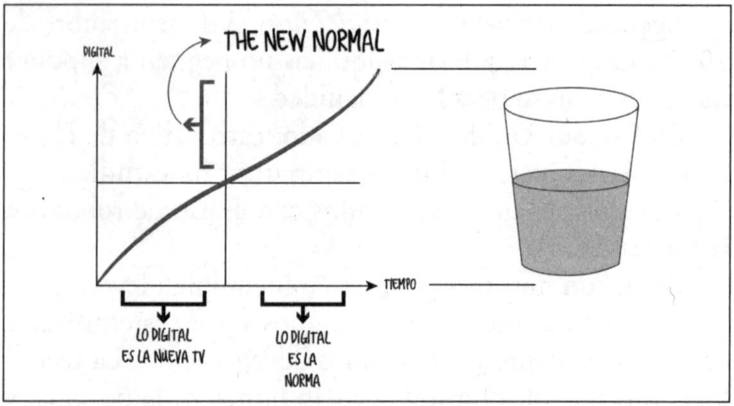

3. LA VIDA EN *BETA*

El futuro ya no es lo que era.

Yogui Berra

BETA es la segunda letra del alfabeto griego.

Pero además, en los lenguajes informáticos de programación, se habla de software en modo *beta* para referirse a aquellas aplicaciones en fase de desarrollo. A versiones preliminares que, si bien ya están hasta cierto punto operativas, se encuentran todavía en ese estado intermedio en el que aún se están testando funcionalidades y corrigiendo posibles errores.

Vivir en *BETA* es comprender que todo está bajo continuo perfeccionamiento, en *estado abierto,* sometido a prueba y error.

Así que es a los informáticos (¡quién nos lo iba a decir, con lo que nos gusta criticarles y llamarles «frikis»!), a quienes debemos el concepto de «***vivir en BETA***».

Una afortunada importación del críptico lenguaje tecnológico al mundo del trabajo y del desarrollo de las personas.

Y digo afortunada porque pocas expresiones reflejan

con tanta precisión y de una manera tan visual el nuevo paradigma que rige la vida de los seres humanos en la actualidad y, sobre todo, en el futuro inminente. Trasladado al mundo real y cotidiano, vivir en *BETA* supone aceptar que, de algún modo, nuestra manera de *hacer*, de trabajar y de relacionarnos se encuentra en permanente estado preliminar y abierto a mejoras.

Ésos son los nuevos parámetros que marcarán el devenir de la humanidad en los próximos... ¿años?

Sí, años; aunque tal vez sería más apropiado hablar de meses, semanas, días, horas, minutos... Y es que si algo nos ha traído esta nueva vida *en BETA* es un brutal incremento de la **velocidad de cambio**.

El cambio ha sido permanente, como ya nos enseñó Heráclito, a lo largo de toda la historia de la vida y del universo.

No, no, no...

No nos confundamos.

Vivir en *BETA* no es vivir bajo el paradigma del cambio continuo.

No es lo que significa, aunque dependa de ello.

No se trata de que ahora vayamos a descubrir la importancia del estado continuo de cambio... a estas alturas de evolución.

Llevamos transformándonos y transformando nuestro entorno (afortunadamente... creo yo), adoptando nuevas costumbres, tecnologías, maneras de subsistir y relacionarnos entre nosotros, desde el primer homínido (sabemos que existen diferentes teorías sobre el primer homínido reconocido científicamente, pero no es tan importante para este documento), el *Australopithecus afarensis*; cuyo ejemplar más conocido, la célebre Lucy, fue hallado en la región de Afar, en Etiopía, en 1974.

Lucy, permitidme explicarlo en modo literario no biológico, decidió que ya era hora de abandonar su aburrida existencia cuadrúpeda y se levantó sobre sus patas traseras para empezar a caminar erguida hace tres millones de años. *Pedazo* de transformación. No sabemos exactamente cuántos siglos le costó... ☺

No, el cambio no es, ni mucho menos, patrimonio de esta generación.

De este momento actual de la humanidad.

Lo que sí es PHA (Patrimonio de la Humanidad Actual) es la velocidad con la que el cambio se produce.

El ciudadano *BETA* sabe que vive bajo un estado **exponencial del cambio**. No lineal, como el de sus antepasados. No tan antepasados.

Ahí reside la gran diferencia.

Y hemos de saber, nos lo han enseñado hasta las matemáticas, que el crecimiento lineal es estable, pero el exponencial es explosivo.

Por lo que vivir en *BETA* es vivir bajo un estado de **cambio explosivo**.

El cambio avanza a tan vertiginosa velocidad, que los avances de la humanidad alcanzan su nivel de obsolescencia en nada de tiempo y son superados por nuevas tecnologías, metodologías o descubrimientos que los dejan atrás de forma casi inmediata.

El cambio de hoy, en este estado *BETA*, tiene lugar a un ritmo de crecimiento exponencial nunca visto y que muy pocos visionarios podían imaginarse hace tan sólo cuarenta o cincuenta años.

Los primeros utensilios para cortar y percutir fueron creados por el *Homo habilis* durante la Edad de Piedra, Paleolítico inferior, hace aproximadamente en términos biológicos del tiempo, unos 1,6 millones de años. Eran piedras sin tallar, rudimentarias, de punta roma, que se utilizaban fundamentalmente para la caza.

De una limitada tecnología, diríamos...

Esos mismos instrumentos, hace tan sólo un millón de años, empezaron ya a tener punta, a tener un filo lateral y a ser sujetados, cuando fuera necesario, a través de fibras vegetales a un palo, para crear así las primeras lanzas.

Las lanzas eran mucho más efectivas para la caza y la defensa.

No se necesitaba acercarse mucho al animal durante la cacería o para defenderse del depredador.

La tecnología había conseguido un gran avance.

Habrás observado, lector, dos aspectos clave:

1. Todo a lo que se ha puesto un palo a lo largo de la historia de la humanidad ha tenido éxito. No os creáis que fue sólo al helado o a la escoba, o más recientemente al teléfono móvil. Ya nuestros antepasados le pusieron el primer palo a una piedra.
2. Se necesitaron unos seiscientos mil años para *que se dieran cuenta* de que una punta y un filo lateral en la piedra era más efectivo en las funciones del artilugio. Casi nada... Seiscientos mil años. Ya estábamos *habitando* el Paleolítico superior.

 Es verdad que el cerebro del *Homo habilis* sólo pesaba

unos 800 gramos aproximadamente, correspondientes a unos 1.000 centímetros cúbicos. Eso sí, en comparación con sus antepasados se había producido un gran incremento de la masa cerebral.

Tuvo que pasar mucho más tiempo, hasta que el *Homo sapiens*, ya dotado con un cerebro más grande, unos 1.300 gramos de peso y de mayor capacidad intelectual, perfeccionó el invento de sus antepasados y éste se convirtió en el afilado antecedente directo de los cuchillos actuales.

Querido lector, quédate con la idea de los 600.000 años que tuvieron que pasar para que algo evolucionase y se transformase en otro tipo de objeto (tecnología), con un desarrollo superior importante y para una misma utilidad.

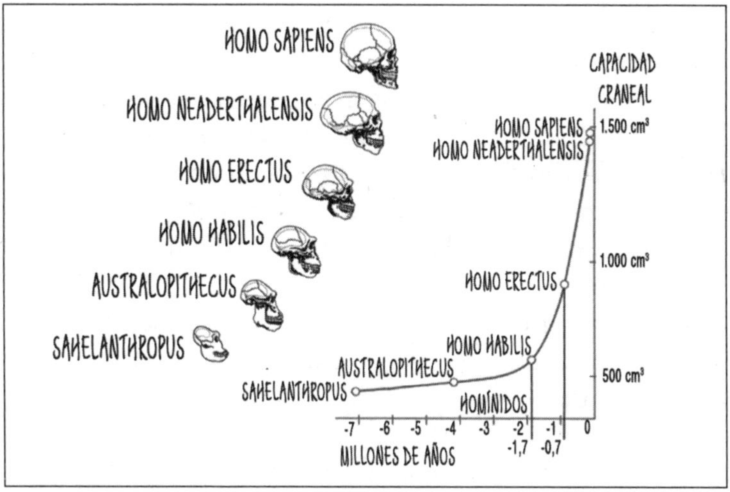

Fuente: Fernando Botella

Otro ejemplo fue Leonardo da Vinci, considerado como el gran paradigma del hombre renacentista y uno de los mayores y más versátiles genios de la humanidad.

Sin embargo, la máquina voladora que diseñó y en la que estuvo trabajando denodadamente durante años, a la que llamó Ornitóptero, nunca llegó a levantarse del suelo.

En 1903 se consiguió volar con globos y dirigibles. Estos últimos equipados con motor: el primer Zeppelin empezó a surcar los cielos en 1900.

Los hermanos Wrigth también protagonizaron una hazaña en 1903, en Carolina del Norte (Estados Unidos) al lograr que el *Flyer I* volara 260 metros y permaneciera cincuenta y nueve segundos en el aire. El *Flyer I* solucionó varios problemas clave de la aeronáutica, pero no fue el primero capaz de despegar sólo con la propulsión de su motor, ya que contó con el impulso de una especie de catapulta.

El primer vuelo de un avión totalmente autopropulsado se produjo en París tres años más tarde, en 1906, con el aparato diseñado y pilotado por el ingeniero brasileño Alberto Santos Dumont.

Pero ojo, tan sólo 8 años más tarde, la avioneta triplano para la guerra diseñada por Manfred von Richthofen, el célebre Barón Rojo, ya podía realizar complejas piruetas en el aire mientras derribaba a sus enemigos en Francia... y, además, disponía de una hora y media de autonomía sin repostaje.

Y, aproximadamente cincuenta años después, los norteamericanos ya fueron capaces de enviar un vuelo tripulado a la Luna.

¿Cómo es posible que se haya tardado 600.000 años en perfeccionar un simple objeto cortador y punzante frente a tan sólo cincuenta años en pasar de recorrer unos pocos metros por el aire a llegar hasta la Luna?

Todo es transformación.

Todo es cambio.

Pero hay una **gran** diferencia: El cambio se produce en un estado de ***incremento acelerativo*** a lo largo de toda la historia de la humanidad.

Si lo vemos gráficamente, la evolución no es lineal. Es exponencial.

El tiempo y la velocidad de cambio *viajan juntos* bajo una relación directamente proporcional.

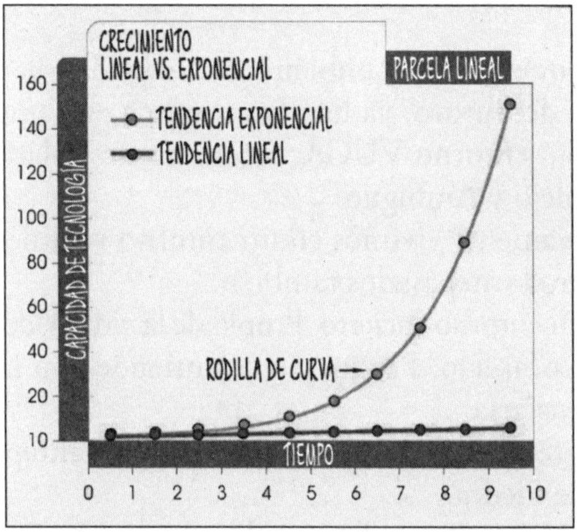

La velocidad del cambio es tan espectacular que ha dejado de parecérnoslo. Cualquier *smartphone* actual es una máquina más potente que los ordenadores que utilizó la NASA para mandar a las expediciones Apolo a la Luna.

Un estudio matemático, basado en modelos de meta-análisis, diseñado en la d.school de la Universidad de Standford, asegura en su primera publicación del año 2015 que el 90 por ciento de todo el conocimiento humano se va a producir en la década comprendida entre los años 2012 y 2022.

Esperemos a los resultados finales del estudio, que se publicarán sobre el año 2024, para saber si, finalmente, se trata de 90 por ciento o menos, pero lo que está claro y ya con mucha seguridad es que será un porcentaje alto.

¿El motivo?

Nunca antes en toda la historia de la humanidad **TALENTO** y **TECNOLOGÍA** se habían encontrado juntos con tanta fuerza.

La curva exponencial se queda casi sin pendiente...

Algunos expertos, también los *seudopsicólogos* y los predicadores del futuro, ya han bautizado a este nuevo escenario como entorno VUCA: acrónimo de **V**olátil, **I**ncierto, **C**omplejo y **A**mbiguo.

Efectivamente vivimos en un entorno volátil.

Nuestros antepasados también.

Y en un entorno Incierto. Propio de la vida. Y de siempre.

Y es Complejo. Porque no se entiende con la rapidez que nos gustaría.

Siempre fue así; que pregunten a algún antepasado de la Edad de Piedra.

Y Ambiguo. La evolución elige caminos. Siempre generó ambigüedad a lo largo de todos los periodos conocidos de la vida y el universo.

Podemos hablar de ello como nunca antes. Podemos ahora darle más importancia. Es legítimo. Necesario. Pero siempre fue así...

Podemos llamarle VUCA, fantástico, porque nos permite a todos comprender, bajo una misma denominación, la vida en *BETA*.

VUCA nos recuerda lo más importante, a mi modo de ver, en la vida en *BETA*, y es que la inestabilidad es lo normal.

Es la NUEVA NORMALIDAD.

En este contexto, muchos viejos tótems como el valor de los conocimientos en la formación, la planificación a largo plazo o el método del caso (*Best Practice*), se tambalean.

La única certeza que tenemos acerca de lo que nos espera en los años venideros es que será algo que todavía no conocemos, algo que muy posiblemente ni siquiera exista todavía, pero a lo que tendremos que adaptarnos irremediablemente si queremos sobrevivir.

Y a gran velocidad. Exponencial.

Muchos ya viven este escenario con inquietud, como si se aproximara una época oscura de gran incertidumbre. De hecatombe.

Otros, como el *nuevo mono*, en cambio, lo vivirán como una emocionante etapa de tránsito hacia una nueva *era*.

Una era marcada por el trabajo colaborativo, las redes de conocimiento, la iteración permanente, la tolerancia al error, el aprendizaje continuo y la exploración más allá de los límites y las reglas establecidas.

Una etapa de curiosidad infinita y flexibilidad en la que el pensamiento creativo y la capacidad de innovación van a ser grandes protagonistas.

Un periodo de inconformismo, de espíritu crítico y de dejar al margen cualquier tipo de confort.

De cuestionarse de forma cotidiana y perenne el *statu quo* de las cosas, de los procesos, de las formas de hacer... y de las creencias.

A ese tipo, felizmente osado, al que no le asusta la perspectiva de adentrarse en lo desconocido, en el mundo de lo oscuro, es al que he llamado CIUDADANO *BETA*.

4. TECNOLOGÍA: LAS FUERZAS DEL BIEN

> Si las cosas parecen estar bajo control, es que no vas lo suficientemente rápido.
>
> MARIO ANDRETTI

Año 1999, su santidad el papa Juan Pablo II lanzó al mercado el CD *Abbà Pater*, en el que cantaba rap. El papa se pasó del canto gregoriano al pop, rodeado de músicos tecno, rock y *ambient*.

Por esa época, el rapero más admirado era blanco, Eminem. El mejor golfista no era inglés. Terminator se postulaba como gobernador para California. El mejor grupo de música country, así considerado por todos los expertos, era ruso. Dinamarca enviaba un submarino a una guerra en el desierto. Se creaba, en una universidad británica el primer MBA de gestión eclesiástica. El mejor café del mundo ya no era italiano.

El mundo estaba cambiando.

El talento se mezclaba como nunca antes. El mundo empezaba a ser un escenario global. Un mercado global, en el que cualquier espectador, de cualquier parte del mundo podía subirse a cualquier escenario.

Empezaba a ya no ser suficiente con llamarte General Electric, Hermès o McDonald's.

Kjell Nordström y Jonas Riedderstrale en su *Funky Business*, a finales de los noventa del siglo pasado, ya nos anunciaban que el mundo, la sociedad, las empresas, los profesionales, bajaban por un tobogán desconocido a toda velocidad, lleno de sorpresas y sin fin.

Y que en ese tobogán se encontrarían las tres grandes fuerzas del cambio. Las fuerzas del bien. A saber, la tecnología, la nueva forma de organizarse las instituciones y el nuevo sistema social de valores.

La tecnología está remodelando el mundo.

Esto ya lo sabemos... Esto ya lo vivimos...

Biotecnología, Nanotecnología, Infotecnología... y un largo etcétera.

La tecnología se ha convertido en la base rítmica de los negocios.

Y también de la vida del ciudadano *BETA*.

Tom Peters, gurú de la estrategia y la gestión empresarial, lo resumía así: «Los empollones han ganado». Inteligente Peters.

La tecnología no es cuestión de tuercas y tornillos, ni de bits ni bytes.

Es el elemento aglutinador de la masa. Sea en la empresa, sea en tu familia, sea con tus amigos, con tu iglesia, en... Facebook, que si fuera un país ya sería el más poblado del mundo.

Hoy la información fluye libremente, está al alcance de todos.

Y nadie puede evitarlo.

Tu coche, hoy, tiene más sistemas tecnológicos, informáticos, que los incorporados en la nave Apolo que condujo el hombre a la Luna.

Algo tan simple como una tarjeta de felicitación que te cante un « cumpleaños feliz » reúne más medios informáticos que los que se conocían en el año 1970. ¿Quién fanfarronea hoy de tener fax en su casa, o en la oficina? Hoy, 1.000 dólares invertidos en una computadora casera equivalen a la capacidad de computación de 1.000 cerebros humanos.

Airbnb tiene disponibles para ti más de dos millones de habitaciones por todo el mundo sin ser ninguna de todas ellas de tu propiedad. Incluso tu habitación, si quieres, puede formar parte de la oferta.

Algo parecido pasa con Booking.

Más rentabilidad. Nuevos modelos de negocio.

¿Dónde están Hilton y Sheraton? ¿Se han escondido?

Efectivamente, han ganado los empollones. ¡Gracias Tom!

El impulso de *las fuerzas del bien* es imparable.

Tres leyes, así se han dado en llamar, rigen esta evolución imparable.

La primera es la **Ley de Metcalfe**.

Nos dice que la utilidad de una red informática aumenta exponencialmente con el aumento del número de usuarios.

Dicho de un modo nada matemático: si hay dos en lugar de uno es más del doble porque aparecerá un tercero con probabilidad cien.

Cuando las redes alcanzan su masa crítica, explotan exponencialmente.

¿No te recuerda la aparición del teléfono móvil... al pasado ya?

¿O al desarrollo de WhatsApp? ¿O quizá... a la evolución que están teniendo las redes sociales?

Compartir con otras personas, vivir en modo colaborativo, es tan divertido que la gente no puede resistirse. Da igual la edad. Da igual la raza. Da igual el país del que hablemos. Da igual la posición económica.

O no da igual... pero ya entiendes mi referencia.

Casi todos disponen de casi todo.

Algunas personas, quizá algún lector en este momento, puedan pensar como Ray Bradbury, escritor estadounidense de misterio y ciencia ficción, cuando afirmaba: «Déjenme en una sala con un papel y un lápiz frente a cien personas con cien ordenadores, y seré más creativo que todos ellos juntos, que cualquiera de los hijos de puta de la sala».

Pero Bradbury, quizá como tú si es que esto lo estás pensando, confundía pensamiento creativo, únicamente humano, con las oportunidades creativas de desarrollar ese mismo pensamiento, esas ideas, gracias a la tecnología.

Cada cierto tiempo las creencias de la humanidad se desmoronan, los cimientos de la sociedad cambian gigantescamente, se quiebran.

Lo viejo desaparece para dejar paso a lo nuevo, desconocido.

Nos guste o no, siempre fue así.

La digitalización exterminará a algunas especies y creará otras.

Como siempre fue.

La transformación digital, si se considera una transformación cultural, no sólo digital, permitirá que no desaparezcan muchas especies, sino que evolucionen disruptivamente hacia nuevas formas de hacer, encontrando nuevos caminos.

Traducción: No confundamos digitalización con transformación digital.

Una vez más quiero destacar y diferenciar estos dos paradigmas que viven juntos, pero no son lo mismo.

Lo digital ya no es un sueño. Es la realidad en continuo movimiento.

La tecnología de la información reduce el tiempo y el espacio.

Si todos sabemos que somos tiempo y espacio. Si la vida es tiempo y espacio ¿cómo no vamos a cambiar?

Éste es el motivo por el que nuestras rutinas han cambiado: compramos el billete de avión online directamente a la línea aérea, reservamos hotel desde el *smartphone*, felicitamos la Navidad desde la red social, compartimos fotos y vídeos al instante, en tiempo real, según algo está sucediendo, decimos te quiero con un emoticono...

Y un largo etcétera de actividades que ya forman parte de nuestra forma cotidiana e inconsciente de actuar.

El gran bazar ahora está en el ciberespacio. Y el vecindario está en la red. La relación con el tiempo y el espacio ha cambiado, y ha cambiado nuestra vida.

Y esto, tan obvio, afecta a todos y a todo.

La competencia está a tan sólo un clic de distancia. También un nuevo amigo, una entrada de cine, o una noche de sexo.

Todo tipo de sociedades se basan en modelos tecnológicos, da igual que hablemos de la Cruz Roja, de la ONU, de Ikea, del sindicato, de una escuela de barrio o de tu propia familia.

El profesor experto en comunicación del MIT Michael Hawley afirmaba a principios de los años 2000:

«Cuando los ordenadores sean tan básicos como un pantalón de deporte, tan sexis como la ropa interior y tan absorbentes como los pañales, habremos llegado a la auténtica revolución tecnológica».

Pues, querido amigo, unos diez años después, aquí estamos, envueltos en una auténtica revolución tecnológica. Bajo las fuerzas del bien.

Dominados por la nueva forma de ser y hacer del *nuevo mono*.

La segunda ley es la **Ley de Moore**.

Una visión exagerada de esta ley nos dice que si acabas de comprar un ordenador y al volver a casa abres una página de venta de ordenadores, el tuyo ya se habrá quedado viejo.

O dicho como Moore lo enunció: «La velocidad del procesador y poder de procesamiento de las computadoras se duplica cada doce meses».

Cuando Gordon Moore, cofundador de Intel, propuso esta ley, en 1960, no fue muy popular. Y, sin embargo, el tiempo parece que casi le ha dado la razón. Lo de «casi» es porque la historia ha demostrado que no siempre, de forma lineal, se han cumplido los doce meses.

El gran pensador tecnólogo **Ray Kurzweil** nos habla de la ley de Moore en estos términos: «La programación y una batería en un teléfono móvil hoy es un millón de veces más barata y mil veces más potente que el ordenador que yo utilizaba como estudiante. Lo mejor, ha aumentado casi mil millones en su rendimiento y esto no va a parar...».

Es una ley que nos habla de velocidad. De velocidad de cambio en todo lo que está bajo *el poder* de la tecnología. Porque todo avanza, todo cambia, dependiendo del aumento de la velocidad y la capacidad de procesamiento.

Por su parte, **Coase** nos dejó otra ley que no podemos olvidar en este nuevo mundo donde el mercado es diferente, donde las ideas no son de nadie, donde las ideas son de quienes las llevan a cabo, no de quienes las tienen.

La **Ley de Coase** nos señala que si los derechos de propiedad están bien definidos y los costos de transacción son cero, la negociación entre las partes nos llevará a un punto óptimo de asignación en el mercado. Los derechos de propiedad indican quién es el dueño o tiene permiso para hacer algo. De acuerdo al teorema de Coase, cuando las partes pueden negociar libremente y sin mayores costos, no importa realmente qué parte tiene inicialmente el derecho de propiedad puesto que al final éste quedará en manos de quien más lo valore.

Dicho más sencillamente, en un nuevo mundo donde los costes de transacción de casi todas las operaciones son cero o tienden a cero, hay que decir adiós a la ley de la propiedad.

Nada es tuyo. Aunque todo te puede pertenecer.

Todo, o casi todo, es copiable en poco tiempo. Y para colmo, la ley dará la razón al copiador. Todo, o casi todo se imita.

Sólo lo más disruptivo, aquello que ocupa un océano azul (referencia del libro *El Océano azul* de Chan Kin y Renée Mauborgne), se salvará de ser copiado. Ejemplos como el Circo del Sol o Ikea ilustran la idea.

Una triple convergencia social y de desarrollo digital se ha llevado a cabo en esta última década.

Por una parte la digitalización de las redes de telecomunicaciones, que han creado la «*red de redes*» más potente jamás conocida... y lo que está por llegar con el IoT, el internet de las cosas.

Por otra, el hardware más Smart y accesible ha llegado a nuestras manos. Todos los dispositivos de trabajo, comunicación y ocio se han digitalizado. Y si todos los dispositivos que usamos se han digitalizado significa que todos se mueven con lenguaje binario, *cero y uno*, es decir, que todos pueden llegar a estar conectados entre sí.

Ya se *hablan* entre ellos.

Y la tercera convergencia, el software ha permitido digitalizar los contenidos. Al servicio y disposición de todos y para todo, en cualquier momento. Los viejos formatos de contenidos en soporte físico están muriendo. Ya no hay CD que valga. Los contenidos ni siquiera nos valen en un «*pincho*»... todo está en la red, en la nube. O en el ADN.

El 13 de julio de 2017 se publicaban varios artículos referentes a las experiencias llevadas a cabo con almacenaje de información en *discos duros* de ADN. Han conseguido almacenar 215 petabytes en 1 gramo de ADN, equivalente a la información que cabría en unos tres millones de CD. La investigación ha sido llevada a cabo por la Universidad de Columbia y el Centro Genoma de Nueva York. Han conseguido un modo de hacerlo a través de un nuevo algoritmo denominado «Código Fountain».

Toca empezar a olvidar el papel.

Suena exagerado. Lo sé.

El autor quiere que así suene, exagerado... y pide disculpas por ello.

Y todo esto tiene una gran consecuencia: Afecta a nuestros valores.

Los de siempre, y los nuevos. Los religiosos, los políticos, los sociales, los de raza, los de cultura, los de familia, los institucionales y corporativos...

Los valores, al cambiar el estado y la forma de convivir con el tiempo y el espacio, se han liberado de sus confines geográficos. Ya no son locales.

Son ME-WE, es decir, Yo y los demás juntos, fusionados. Esto de éste, y esto otro, de ese otro. Todo es mezcla. *Mixmanía.*

La fusión crea con*fusión*.

Una nueva realidad que se refleja en los negocios, en los modelos de liderazgo, en el nuevo *management*. Pero también en el mundo del deporte, de la ONG, de la restauración, de las agencias de viajes, de...

Alguien estará comiendo alitas de pollo campero criado en una finca de Albacete, acompañado con salsa tailandesa, con pan de pita árabe y pasta italiana, hechas en una barbacoa fabricada en Canadá, a orillas del lago Leman. Así es nuestra vida.

Creamos *Bollywood*, una mezcla de Hollywood, del hip-hop aderezado de Sinatra y de la música originaria de la India.

Podemos ir un día a la mezquita y otro, a la iglesia. Y tan normal.

Vivir en la India y vestirnos con trajes americanos. O vivir en Los Ángeles y, como hace **Richard Gere**, practicar el budismo y vestirnos con el hábito del monje tradicional.

La fusión nos hace más fuertes. Nos acerca muchas más oportunidades.

Hemos cambiado el valor de la coherencia por el de la yuxtaposición desconcertante y en continuo estado de cambio.

Hoy es lo de hoy. Mañana podrá ser diferente.

Hoy somos así. Mañana podremos ser diferentes.

Querremos, quizá, ser otros.
Reinventarnos. Renacer. Re-evolucionar. Re-crearnos.
Tenemos ese derecho. Somos ciudadanos *BETA*.

Un *nuevo mono* habita esta nueva atmósfera tecnológica, digital, veloz, donde el espacio y el tiempo marcan nuevas rutas vitales, donde la fusión de valores es lo normal...

Pero a su vez, todo ello ocurre en un entorno que todavía no se ha adaptado al futuro necesario. O, al menos así lo creo yo...

Valores que cambian a velocidad de vértigo, cuando el vértigo nos lo tendría que dar el hecho de que los sistemas de educación no hayan casi cambiado, cuya evolución es muy baja en relación a los cambios que socialmente se están produciendo.

Valores que cambian, pero el capitalismo sigue siendo el sistema que rige el mundo social y el económico. Mucha gente en el mundo vive bajo el yugo de un nivel de pobreza insostenible.

Valores que cambian pero las guerras, hoy mucho más tecnológicas, siguen asolando ciudades y países enteros.

Valores que cambian pero consintiendo una sociedad donde más de un millón de niños podrían morir hoy por desnutrición.

Y... añade lo que consideres, querido lector.

Porque yo estoy de tu parte.

Toca, quizá también, renovar el mausoleo social que nos persigue.

Matar ciertas instituciones, al menos tal como hoy se conocen.

Yo, aspirante a ciudadano *BETA*, y aceptando las nuevas realidades vitales, estoy de tu parte.

Hagamos una revolución, pero a ser posible, que sea de todo.

Permita por favor el lector, en esta parte del documento, expresar al autor sus aspiraciones personales y sociales.

$$\sum_{K=1}^{\infty} \frac{1}{K} = 1 + \frac{1}{2} + \frac{1}{3} + \frac{1}{4} + \frac{1}{5} + \dots = \infty$$

En la nueva normalidad las series tienden a infinito.

Ya no nos vale el 1.0, 2.0, 3.0, 4.0...

¿Vale la pena seguir llamando a este nuevo periodo que llega la revolución 4.0? En la nueva normalidad entender que todo está bajo el continuo cambio acelerado, sin uniformidad adaptativa, es entender que ya no hay límites. Que la profundidad y longitud de cada nuevo conocimiento aparecido busca el infinito.

Que el **cambio tiende a infinito.**

La innovación es infinita.

La evolución es infinita.

«En un mundo volátil como el de hoy, las organizaciones que estarán mejor equipadas para prosperar serán las que sean capaces de generar, abrazar y ejecutar NUEVAS ideas.»

Tim Brown
CEO de IDEO

...Y, sin embargo, un dato:

Sólo un 5 por ciento de las empresas europeas tienen un CEO digital.

Sólo un 10 por ciento de las empresas europeas tienen en su organigrama el área digital integrada en *business* y no en IT.

World Economic Forum
Año 2017

Nos enfrentamos a un futuro abierto e incierto. Todo está para ser definido. Y cambiado. Y mezclado.

Blockchain, impresión 3D, realidad aumentada, *chatbots*, interfaces conversacionales, tecnología biométrica cognitiva, *smart* robots...

Una lista interminable. Una historia interminable. Listado de nuevas tecnologías y nuevo talento en el que habitan las nuevas *fuerzas del bien*. Estemos atentos.

¿Y las empresas? ¿Y las instituciones? ¿Cómo van a implementar todas estas nuevas tecnologías en sus procesos? En mi modesta opinión, las empresas no deberían olvidar que el grado de adopción de toda esta nueva tecnología debería ir ligado al impacto que tenga en los resultados, sin mirar por el retrovisor, sino sobre la productividad, eficiencia y rentabilidad futura.

La tecnología deberá, también en el futuro próximo, estar al servicio de la estrategia, y nunca al revés.

Se trata de explorar bien los mercados target, los entornos competitivos, los procesos y los modelos de toma de decisiones, respondiendo siempre a las nuevas necesidades que vayan apareciendo a los clientes. Se trata de ser lo suficientemente inteligentes como para integrar esta nueva tecnología creando ventajas competitivas renovables en el mercado y que *vivan,* se sostengan, bajo el paraguas de la innovación infinita.

Persona, negocio y tecnología juntos. No como tres

entes unidos por una relación necesaria interdependiente, como hasta ahora lo era comercial, IT y recursos humanos, sino en un único *cuerpo*. Un solo ente.

Según la consultora Gartner, que elabora anualmente el famoso informe de tecnologías emergentes, de esta nueva *masa madre*, de las *nuevas fuerzas del bien*, se espera que en dos años se implementen vehículos aéreos autónomos, asistentes cognitivos, nuevo de alta seguridad, IoT, *petabytes* de almacenamiento y velocidad en red, y *machine learning*. En cinco años, hardware neuronal, 5G, computación cognitiva, realidad aumentada. Y en diez años, es decir para el año 2030 aproximadamente, impresión 4D, computación cuántica, *displays* volumétricos, interfaces cerebro-computadora.

En fin... otro mundo. Y en diez-quince años.

¿Estamos preparados?

Los directivos, políticos, educadores, profesionales liberales, el mundo de la salud, los emprendedores... deben tomar esto en consideración.

Deberán traer a su presente los cambios y aprendizajes necesarios para que puedan ser creadores participantes de este futuro tan cercano. No es ciencia ficción. Es realidad. Y, en este caso, no aumentada.

El *nuevo mono* lo sabe. Y se prepara para ello.

5. DEBERÍAMOS ESTAR MUERTOS

Procura extinguirte con clase y dignidad.
Piensa en el museo de historia natural.

SINIESTRO TOTAL

Deberíamos estar muertos!

Hasta bien entrado el siglo XX, la vejez era un privilegio para unos pocos. El tránsito de la vida a la muerte era inmediato.

Un individuo de la época paleolítica tenía una esperanza de vida media de cuarenta años, si conseguía superar la edad de quince años, ya que un porcentaje elevado de la población no llegaba a superar la infancia.

Con la llegada de la Revolución Agrícola en el Neolítico, aparecieron las primeras poblaciones hacinadas en «*bloques de apartamentos*» cuya vida era muy precaria, sin servicios sanitarios, sin alcantarillados, con acumulaciones de basura, con los primeros animales domésticos conviviendo con los humanos... Aparecieron las primeras y numerosas epidemias, unas asesinas en masa. En esa época llegar a los treinta era lo máximo.

Esta esperanza de vida sobre los treinta años se mantuvo desde el Neolítico hasta el siglo XVIII. Aunque la humanidad pasó por etapas de la historia donde la esperanza de vida llegó a bajar hasta los veintiún años, como, por ejemplo, en el Imperio romano.

La existencia a lo largo de toda la historia consistía en una sucesión de estresantes momentos de lucha por la supervivencia, de búsqueda de alimento y refugio, de movimientos migratorios, de reproducción y crianza, de desafío a la naturaleza. Todo ello pertrechado con unas defensas precarias, ya que ni biológica ni tecnológicamente nuestros antepasados dieron para mucho. Si uno se para a pensarlo, parece un milagro que la humanidad haya llegado hasta aquí, sin extinguirse.

Y... ahora, en nuestro momento de existencia ¿está pasando igual?

¿Seguimos bajo el yugo de una vida estresante en continua lucha por la supervivencia? ¿O ya no es así? ¿Qué ha cambiado?

¿Qué piensa el lector?

El hombre actual es muy distinto al que habitaba la Tierra un par de milenios atrás. Nuestra mayor inteligencia y las altas cotas de desarrollo técnico-científico alcanzadas nos han permitido «*dominar*», muy entre comillas, al planeta y *someter* a todas las demás especies animales que lo habitan. Algunas incluso se han extinguido, a pesar de que la naturaleza parecía haberlas equipado de todo lo necesario para prevalecer. Nosotros, en cambio, mucho menos dotados para la aventura de la vida, aquí estamos. Planteándonos empezar a convivir, ya de verdad, con los nuevos seres venidos de la inteligencia artificial.

Y, sin embargo, en mi modesta opinión, lo cierto es que en los millones de años transcurridos, los seres humanos no hemos mejorado demasiado... evolutivamente hablando. Seguimos siendo los mismos seres escuálidos, ni muy grandes ni muy rápidos; ni muy fuertes ni muy resistentes, paseando nuestras flaquezas entre especies mucho mejor preparadas físicamente para sobrevivir en ecosistemas hostiles y todavía con carácter primitivo.

Desde un punto de vista estrictamente biológico, nuestro horizonte de vida debería seguir anclado en aquellos veintiocho-treinta años que, con suerte, vivían los más longevos de nuestros peludos abuelos.

Afortunadamente, las cosas ya no son como solían ser y hoy el ser humano puede aspirar a vivir hasta cerca de los cien años. ¿Qué ha cambiado? En primer lugar, nuestra capacidad intelectual ha crecido exponencialmente. La persona sigue siendo una *enclenque*, pero es una enclenque muy lista. Esos casi 500 gramos que ha ganado el cerebro humano del *Homo sapiens* respecto al de su antecesor le han facultado para defenderse mejor frente a las amenazas, tanto externas (accidentes, ataques de animales o de otras personas), como internas (enfermedades). El desarrollo tecnológico-científico sin precedentes que ha alcanzado la humanidad, especialmente en los últimos años, nos ha llevado no sólo a la cima de la cadena alimenticia, donde ya habitábamos, sino que nos aproxima al podio de la longevidad.

Cualquier especie viva, ya sea animal o vegetal, vive una media de 1,8 veces la edad que necesita alcanzar para reproducirse y garantizar la pervivencia de su especie. La tortuga de las islas Galápagos puede vivir alrededor de doscientos años porque necesita mucho tiempo para reproducirse. Algunos tipos de mosca viven sólo un día, de media, una vida muy efímera, pero es que en un solo día son capaces de poner millones de huevos. No necesitan vivir más.

El ser humano es el único animal que ha conseguido saltarse esa ley. De hecho, hemos sido capaces de *robarle* hasta cuatro generaciones a nuestra natural muerte biológica.

Vivir unos años, reproducirnos y morir. Esto es lo que de nosotros, como del resto de los seres vivos, espera la naturaleza. Es decir, con los veinticinco-treinta años de nuestros antepasados era suficiente.

Pero no ha sido así.

Hemos sido capaces de escapar a ese límite temporal y ahora competimos junto a la tortuga en la Champions League de los animales más longevos. La diferencia está en que, mientras que la tortuga ha estado ahí desde siempre así, nuestro ingreso en ese privilegiado club de los *abuelitos* es mucho más reciente.

La explicación biológica para este fenómeno la encontramos en que las condiciones de vida del ser humano han cambiado significativamente en estos últimos siglos. En la actualidad vivimos en un modelo de sociedad muy diferente, especialmente en los países occidentales más desarrollados: ya no tenemos que huir de los depredadores, ya no tenemos que salir a cazar nuestra comida, y aunque, lamentablemente, las guerras siguen existiendo, las posibilidades de que una persona joven tenga que acudir al frente a combatir en una de ellas son cada vez menores. Hemos aprendido a *luchar* contra muchas enfermedades, aunque desafortunadamente aparecen otras nuevas cada dos por tres...

Hoy el ser humano debe competir de otra manera y libra otra clase de batallas. La lucha actual es por el conocimiento, el aprovechamiento de los recursos disponibles y la conectividad.

El cerebro humano ha tenido que adaptarse a estos cambios.

El cerebro humano está en continua evolución, en continuo estado de cambio... El cerebro de ayer ya no es como el de hoy.

El nuevo mono empieza a tener un nuevo cerebro.

Su función principal es ahorrarnos energía.

Se sabe, por ejemplo, que el cerebro humano emplea el 25 por ciento de su energía en ahorrar energía al resto del organismo. Si no lo hiciera así, el metabolismo humano, que es altamente *oxidativo*, no nos permitiría que pudiéramos aguantar tantos años vivos.

Todos estos aspectos biológicos que comentamos en este capítulo serán necesarios para comprender el comportamiento del ciudadano *BETA*. Para entender cómo y por qué se relaciona con esta nueva forma de vida: la vida del *nuevo mono*.

La **epigenética** (del griego *epi*, en o sobre, y *genética*) hace referencia al estudio de los factores que, sin corresponderse con elementos de la genética clásica, básicamente los genes, juegan un papel muy importante en la genética moderna interaccionando con estos primeros. Estos factores genéticos, que son determinados por el ambiente celular en lugar de por la herencia, intervienen en la determinación de la ontogenia (desarrollo de un organismo, desde la fecundación del cigoto en la reproducción sexual hasta su senescencia, pasando por la forma adulta), y también intervienen en la regulación heredable de la expresión génica sin cambio en la secuencia de los nucleótidos, las bases que forman en ADN.

De una forma sencilla, se puede decir que la epigenética es el conjunto de reacciones químicas y demás procesos que modifican la actividad del ADN, pero sin alterar su secuencia.

Gracias a los estudios de epigenética, la genética moderna nos enseña que **no sólo** los genes influyen en la evolución de los organismos.

El término fue acuñado por Conrad Hal Waddington en 1942 para referirse al estudio de las interacciones entre genes y ambiente que se producen en los organismos.

Tras la finalización del **Proyecto Genoma Humano**, en 2003, los científicos se han dado cuenta de que es necesario cambiar una idea básica sobre la comprensión de la vida, una idea que se sostenía con mucha fuerza y que se había mantenido muchos años. La idea de que los seres humanos, y los demás organismos vivos, son sólo resultado de lo que está escrito en los genes desde su concepción.

Hoy sabemos, así nos lo enseña la nueva genética, que vivimos en un estado biológico de cambio continuo dependiente de los factores externos que afectan a nuestro desarrollo.

La epigenética reinterpreta conceptos conocidos clásicos de la biología y desvela nuevos mecanismos mediante los cuales la información contenida en el ADN de cada individuo es traducida dependiendo del impacto de factores externos.

Todo no está escrito. Todo se puede re-escribir.

Concepto a concepto, se está descifrando un nuevo lenguaje del genoma e introduciendo la noción de que nuestras propias experiencias pueden marcar nuestro material genético de una forma hasta ahora desconocida, y que estas marcas pueden ser transmitidas a generaciones futuras.

Ya se han podido discernir mecanismos epigenéticos en una gran variedad de procesos fisiológicos y patológicos que incluyen por ejemplo varios tipos de cáncer, patologías cardiovasculares, neurológicas, reproductivas e inmunes.

«El ADN no es más que una cinta que almacena información, pero no hay manera de sacar provecho de esta información sin un aparato para su reproducción. La epigenética se interesa por el reproductor de cintas.»

Bryan Turner (biólogo y sociólogo de Birmingham, Reino Unido).

«Recurriendo a un símil informático, yo diría que el disco duro es como el ADN, y los programas de software son como el epigenoma. Es posible acceder a cierta información del disco duro con la utilización de los programas del ordenador. Pero hay áreas protegidas por contraseñas y otras que no lo están. Yo diría que estamos intentando entender por qué existen contraseñas para ciertas regiones y por qué otras regiones están abiertas.»

Jörn Walter (experto genetista de Saarland University, Alemania).

«La gestión de la información dentro del núcleo celular se traduce en que parte de la información genética se encuentra apiñada dentro del genoma, mientras que, por otro lado, existe información que necesita estar disponible y activa de forma continua, como los llamados genes de mantenimiento (*housekeeping*), por ejemplo. Por tanto, la epigenética puede compararse con la gestión de los papeles en una casa: no es razonable almacenar en un lugar poco accesible aquello que se va a necesitar muy a menudo, pero los viejos documentos del colegio pueden quedarse guardados en cajas en el trastero.»

Peter Becker (biólogo molecular, Múnich, Alemania).

«La diferencia entre genética y epigenética, probablemente, puede compararse con la diferencia que existe entre escribir y leer un libro. Una vez que el libro ha sido escrito, el texto (los genes o la información almacenada en el ADN) será el mismo en todas las copias que se distribuyan entre los lectores. Sin embargo, cada lector podría interpretar la historia del libro de una forma ligeramente diferente, con sus diferentes emociones y proyecciones que pueden ir cambiando a medida que se desarrollan los capítulos. De una forma muy similar, la epigenética permitiría diferentes interpretaciones de un molde fijo (el libro llamado código genético) y resultaría en diferentes lecturas, dependiendo de las condiciones variables en las que se interprete el molde.»

Thomas Jenuwein (director del Instituto de investigaciones inmunológicas Max Planck, experto epigenético, Viena, Austria).

La epigenética lleva ya unas cuantas décadas analizando la influencia de factores ambientales, alimenticios e incluso sociales en la composición del ADN de los seres vivos. Diversas especies de mariposas cambian el color de sus alas en función de la estación del año, algo que les ayuda a regular su temperatura corporal según sea la temperatura del ambiente. Bajo este nuevo prisma, sería erróneo considerar la condición humana como el resultado inmutable de una determinada composición de nuestro ADN. Ahora sabemos que esa composición se puede modificar, o al menos que existe la posibilidad potencial de hacerlo. Y esa perspectiva cambia radicalmente, y para siempre, las fronteras evolutivas que nos habían contado cuando íbamos al cole de pequeños y nuestros profesores de Ciencias de la Naturaleza nos hablaban de lo inmutable de la vida.

El *nuevo mono* es un ser en permanente construcción.

Biológica e intelectualmente.

Vive, aprende y evoluciona a toda velocidad y no da nada por sentado.

El *nuevo mono* es un culo inquieto.

Y lo será durante al menos los cien años que dure su vida.

EL APRENDIZ CONTINUO

Hay personas que, a lo mejor, presumen de tener treinta años de experiencia en un trabajo (¡toda una vida hace apenas dos siglos!), pero a poco que les *rasques* en su superficie, te das cuenta de que lo que tienen es la experiencia de un día repetida treinta años.

Del mismo modo, hay muchas personas que con apenas veinte años presumen de ser «*muy maduras para su edad*». Y, para demostrarlo, se comportan haciendo gala de gran aplomo y hablan con enorme gravedad y profundidad. Estas especies uno las va encontrando en su trabajo, en su día a día. No sé, amado lector, si tú también conoces este tipo de individuos. Yo sí. Nacieron para creer que todo lo que saben es lo que es. Que está bajo control. Que no puede ni debe ser discutido.

Viven bajo el síndrome que me ha gustado llamar de la «doble opinión».

Para ellos sólo existen dos opiniones posibles: las suyas... y las equivocadas.

Quedan muy lejos de formar parte de esta estirpe de *nuevo mono*.

No han entendido nada de lo que la biología, y ahora la moderna epigenética, nos enseñan.

Se suelen llamar a sí mismos individuos maduros.

Sin ser conscientes de que el gran problema de las cosas maduras es que acaban pudriéndose pronto.

En mi opinión, que eso te pase con veinte años o que te pase con cincuenta, sesenta u ochenta, no cambia nada... es una desgracia en todos los casos.

El ciudadano *BETA*, que llegará a vivir hasta los cien años, y quizá muchos más... en cierta forma deberá *ser joven* toda su vida. Al menos, *cerebralmente* joven. Mentalmente joven.

Porque en su modo de entender la vida, nunca terminará de alcanzar ese punto en el que uno piensa que ya está *de vuelta de todo*.

Ese *nuevo mono,* que ya habita entre nosotros, se ha convertido en el más *listo de la clase* precisamente porque no está de vuelta de nada.

Vive con una mente de aprendiz continuo.

Construyéndose a sí mismo cada día, con cada aprendizaje, con cada situación nueva a la que se enfrenta, cometiendo errores, algunas veces deliberadamente, cuestionándose el *statu quo* de las cosas.

Su mente está permanentemente abierta.

Abierta a nuevos aprendizajes, a nuevas experiencias, a desafiar los convencionalismos y las creencias establecidas, empezando por las suyas propias...

El *nuevo mono* se comporta así porque sabe que eso le hace ser mejor mono, crecer, adaptarse cuando es necesario, y, sobre todo, vivir una vida disruptiva.

La única forma de enfrentarnos a una realidad en continuo movimiento, volátil e incierta, que cambia desde los nuevos factores externos que nos llegan, como si de un estado epigenético se tratase, es con una mentalidad de aprendiz continuo.

No se trata de una cuestión de edad. La condición de aprendiz continuo no viene determinada por la fecha de nacimiento que figura en nuestro carnet de identidad.

El eterno aprendiz se caracteriza por su permanente estado de inquietud, su inconformismo crónico y su insaciable curiosidad. La suya es una mente errante, que tiene hambre de conocimiento, que ansía replantearse las cosas en busca de la mejora continua y que se ventila varios dogmas para desayunar.

Sabe que la herramienta lingüística más potente que tiene para crecer es la pregunta. Sabe que vivir en estado de pregunta es un golpe a la línea de flotación de su cerebro, de su mente, de sus costumbres, y que siempre le aporta más valor que una afirmación.

Elige el signo «?» frente al «!».

No olvidemos que el cerebro, como el ADN con su influencia a través de factores externos (aprendiz de la epigenética), se deja también influenciar desde las experiencias vividas, desde los errores cometidos, desde cada aprendizaje que recibe, desde el nuevo conocimiento adquirido, desde el cuestionamiento...

El cerebro está en continuo estado de construcción.

El ciudadano *BETA* lo sabe.

Y sabe que sacar partido a esto le hace más competitivo, a la vez que puede contribuir más socialmente, en su trabajo, en su familia, en la educación de sus hijos, de una forma más colaborativa.

Y sabe que la nueva tecnología, la transformación digital genéricamente hablando, la inteligencia artificial, la nueva computación, etc., son modificadores muy relevantes de su entorno. Tiene que aprender de ello. Disrumpir-SE, es decir, romperse por donde haga falta para re-construirse.

Formar parte de lo nuevo. No huir.

El *nuevo mono* siempre aprende, aprende y aprende...

ESPÍRITU REDÁRQUICO

Convertirse en un *nuevo mono* no es una cuestión de edad, aunque el autor no obvia que la edad es un factor importante.

Tiene mucho más que ver con la forma en que nos comportamos en este nuevo entorno *BETAlándico*, que ya conforma el escenario que habitamos. Un entorno colaborativo en el que las relaciones sociales, el mundo de la empresa, la cultura o la educación transitan por caminos muy distintos a los que lo hacían hace tan sólo una generación.

Una característica fundamental que determina esta nueva manera de relacionarse entre las personas es la decadencia de los modelos basados en las jerarquías estrictas y los estilos de liderazgo autoritario. En los esquemas mentales del *nuevo mono* el lenguaje del ordeno y mando no tiene cabida. Es un lenguaje del pasado, tan anacrónico como fumar en los hospitales o darle a un niño bizcocho mojado en quina para merendar. El *nuevo mono* no respeta la autoridad en sí misma porque no ve en ella nada convincente ni estimulante.

No le mueve. No comprende la autoridad por la autoridad en sí misma.

Encuentra en el «*esto se hace así porque yo lo digo*» un argumento pobre, inútil, que no aporta nada a su desarrollo, sin valor; al contrario, más bien lo ve como un tipo de discurso nocivo que resta en lugar de sumar... y huye de él como de la peste.

En cambio, este *nuevo mono* sí respeta y sigue a aquellas personas que saben liderar con el ejemplo y que le ofrecen una visión inspiradora e integradora de la realidad. No porque de estos nuevos líderes reciba lecciones magistrales, sino porque le invitan a *subirse a su barco*, a experimentar, a equivocarse asumiendo riesgos, a cuestionar al líder, a crecer con cada nuevo conocimiento, a desarrollar habilidades nuevas, en busca de experiencias enriquecedoras, y desde una actitud donde el sentido del humor es protagonista.

El *nuevo mono* es humilde. O no es un verdadero *nuevo mono*. No confundamos al ególatra orador de la nueva *monanidad* con el verdadero *nuevo mono*.

El *nuevo mono*, el de verdad, no necesita poner a su ego en continuo estado de presencia. No vive en Facebook. Aunque pase por allí y deje sus ideas, las comparta. Se expone lo justo.

Ha entendido bien de qué va **la marca personal**... tan en boga ahora. Y sabe que la auténtica marca personal se consigue haciendo que las cosas sucedan, haciendo lo que hay que hacer, no contando lo que se debe hacer, dejando un legado real con su trabajo y su vida.

En la manada del *nuevo mono*, el líder no da instrucciones salvo en los momentos de escasa madurez de un mono ante una nueva tarea, instruye no ordenando, sino enseñando.

El líder es un canalizador de voluntades; no pierde el tiempo explicando la necesidad de cambiar, sino que ayuda a vencer las resistencias que inevitablemente despierta ese cambio; no pontifica acerca de los porqués, sino que provoca los cómos.

A este tipo de nuevas relaciones entre los nuevos monos se las llama «*redárquicas*» frente a las conocidas «jerárquicas», y se caracterizan porque se establecen sobre una base de corrientes de inteligencia colectiva, de generación de redes de conocimiento y la inteligencia conectiva que las une. El *nuevo mono* no es un individuo aislado que lleva una existencia de ermitaño alejado de sus congéneres. El *nuevo mono*, como sus antepasados, no tiene sentido sin sus congéneres. Sin sus aliados. Lo sabe. Pero con ellos se relaciona de una forma diferente.

La familia ya no es para él lo que era.
La institución ya no es para él lo que era.
La empresa ya no es para él lo que era.
La religión ya no es para él lo que era.
[...]

El líder redárquico será el responsable de que toda esta revolución silenciosa se ponga en marcha, de que esas miles de conexiones se establezcan con éxito impulsando modelos de trabajo colaborativos y facilitando que el talento de las personas circule en todas direcciones y a velocidad de vértigo a lo largo y ancho de la organización.

Los modelos redárquicos también tienen un rasgo que los hace especialmente idóneos para esta nueva era de cambio permanente y vertiginoso. Y es que no les duele desechar todo aquello que demuestre ser ineficaz y, por tanto, les impida avanzar. Su éxito se cimenta precisamente en su capacidad para aprender, probar y equivocarse rápidamente.

El *nuevo mono* itera, ensaya, prueba.
Vive permanentemente en *BETA*.

Al contrario de lo que sucedía hasta hace tan sólo unos años, cuando los conocimientos técnicos o habilidades duras (*hard skills*) marcaban verdaderamente la diferencia para un buen profesional y uno mediocre, hoy esa frontera viene marcada fundamentalmente por las llamadas *soft skills*. Serán esas habilidades blandas, las sociales y de comunicación, las que permitan a este nuevo mono desenvolverse como pez en el agua en los entornos actuales y futuros.

Para la parte «Hard» ya está la nueva tecnología, la inteligencia artificial, la robótica...

Más que nunca antes, necesitamos a líderes que sepan escuchar empáticamente a todos los grupos de interés, que sepan mantener conversaciones cruciales de valor con los individuos del equipo, manejar la creatividad, observar y entender al cliente como nunca antes, organizar al equipo...

La comunicación y el *feedback* constantes serán las armas que le permitan desplegar esas redes efectivas de inteligencia colectiva de las que se va a nutrir el conocimiento del grupo.

Dedicaremos un capítulo más adelante en este manuscrito a profundizar en el modelo de liderazgo en la sociedad del *nuevo mono*.

KNOWMADS & LOCATION INDEPENDENTS

Nos encanta poner etiquetas a las cosas. A mí el primero.

... Que si ciudadano *BETA*. Que si época VUCA, que si generación X, que si KNOWMAD...

En realidad la vida no va de etiquetas, es un ciclo perpetuo y, en cierta forma, todo se repite. Aunque es verdad que de forma distinta.

Los primeros *Homo sapiens* y antes que ellos, el *Homo erectus,* eran ya nómadas. Recorrían grandes distancias a lo largo del año en busca de mejores condiciones climáticas y de mayor abundancia de animales para cazar y alimentarse. No fue hasta la etapa final del Paleolítico, cuando los grupos humanos dejan de ser únicamente cazadores y recolectores, es decir nómadas, y se convierten en agricultores.

También eran *knowmads* porque llevaban su conocimiento por allá donde pasaban.

Gracias a sus mayores conocimientos y a su creciente desarrollo tecnológico, con nuevas herramientas que le permitían empezar a cultivar, el hombre fue capaz de domesticar tanto a plantas como a animales. Ya era capaz de procurarse su sustento sin tener que jugarse la vida cada día tratando de cazar al mamut de turno.

Se trata de un paso de enorme trascendencia para la historia de la humanidad, pues supone dejar la vida nómada para abrazar el sedentarismo y la organización de la existencia alrededor de núcleos de población estables y geográficamente fijos. Para muchos expertos, es el inicio del hombre moderno, un punto de inflexión en el desarrollo de nuestra especie, de importancia similar al descubrimiento del fuego o de la rueda. Esos primeros asentamientos, origen de nuestras actuales ciudades, son considerados el germen de la civilización, el momento en el que aquel *mono primitivo* se separa de sus congéneres animales y se postula como el rey indiscutible del planeta.

En el colegio siempre nos contaron que la especie humana no fue «*guay*» hasta que dejó de moverse de un sitio a otro. Es curioso cómo en el imaginario colectivo sigue asociándose nomadismo a prehistoria, a atraso, a precariedad o a bohemia; mientras que el progreso parece relacionarse con la estabilidad y los grandes espacios de centralización (de poder, de educación, de investigación).

Los nómadas son buscadores de fortuna, cazarrecompensas, actores, titiriteros, feriantes y demás gente de mal vivir.

Los sedentarios, en cambio, son académicos, directivos, banqueros y, en general, prohombres sentados en un gran y confortable sillón. Se nos ha dicho, por activa y por pasiva, que hay que «*sentar la cabeza*» y dejar de ir picando «*de flor en flor*», y que conseguir un «contrato fijo» siempre es mucho mejor que andar trabajando por ahí como *freelance*. Y que si uno podía jubilarse en la misma empresa en la que entró a trabajar como becario cuatro décadas atrás, mejor que mejor.

¡Dónde va a parar!

Pues bien, será mejor que empecemos a revisar toda esta retórica... y a marchas forzadas.

En la nueva era, en el mundo del ciudadano *BETA*, del *nuevo mono*, que ya está aquí, ninguna de estas creencias nos va a llevar muy lejos. Porque, como lo fueron sus antepasados, este *nuevo mono* ¡también es nómada!

Eso sí, se trata de un *nomadismo* distinto, en el sentido de que está en estado de nómada de forma continua y no necesita, aunque en muchas ocasiones sí lo hace, desplazarse. Si no se desplaza, se le llamará *knowmad*, si lo hace, «*location independents*».

A este nuevo profesional, *nuevo mono*, se le ha dado en llamar con el neologismo *knowmad*: un nómada del conocimiento.

Es un nómada digital, ya no necesita turbante ni desplazarse en camello. Eso sí, portará un *smartphone*, una tablet y un ordenador allá donde esté...

Knowmad fue un término creado por el doctor **John Moravec**, experto internacional, investigador sobre el futuro del trabajo y la educación. Fundador de Education

Futures LLC. Durante años ha sido docente e investigador de la Universidad de Minnesota.

El *nuevo mono*, caracterizado y etiquetado como *knowmad*, es un ser innovador, imaginativo, creativo, capaz de trabajar en colaboración con casi cualquier persona, en cualquier momento y lugar. Un *knowmad* es valorado por su conocimiento personal, lo que le proporciona una ventaja competitiva con respecto a otros trabajadores.

Y es que en el mundo globalizado, interconectado y cambiante, el concepto de estabilidad es un contrasentido.

Los hombres primitivos se movían porque si no lo hacían se arriesgaban a morir de frío o de hambre. También los profesionales del siglo XXI saben que si permanecen demasiado tiempo quietos quedan rápidamente a merced de la obsolescencia y en *fuera de juego*.

Al *nuevo mono* le entran escalofríos solo de pensar en la posibilidad de permanecer demasiado tiempo en la misma empresa o en el mismo puesto. Sabe que sólo hay un lugar para el crecimiento:

el movimiento exponencial.

Herederos de aquellos caballeros errantes que en la Edad Media dieron nombre al concepto *freelance* («lanza libre») buscan en la acumulación de experiencias diversas, de personas interesantes con las que entablar contacto y de proyectos interesantes en los que implicarse, su realización y desarrollo personal y profesional.

Y raramente todo eso va a suceder fichando de nueve a seis en la misma compañía durante treinta años.

Además, trabajar únicamente con las fuentes del conocimiento presentes en un determinado equipo de trabajo, en un departamento o en una compañía (aunque se trate de una con miles de trabajadores y presencia en todo el mundo), sería delimitar demasiado el horizonte.

El *nuevo mono* se desenvuelve en entornos colaborativos y su hábitat natural son las redes de conocimiento globales. No concibe permanecer encerrado en un despacho, consultando los mismos y polvorientos tomos de la *Espasa Calpe*, ni siquiera vía internet y bajo el nuevo modelo *googleniano*.

Bajo su punto de vista, eso sería equivalente a la muerte (profesional).

Para ese *nuevo mono* sus fuentes de información son el universo, y las personas con las que interactuar, todas las del planeta. Y no exagero.

Este nuevo profesional *no se casa* con nadie... porque ya está casado con toda la humanidad. Su fidelidad no está comprometida con una determinada marca o compañía. No acumula en las estanterías de su casa los típicos monolitos conmemorativos de sus primeros cinco, diez o quince años en la empresa. No le regalarán un reloj ni un pin corporativo al jubilarse. No lo quiere.

A cambio, salta de proyecto en proyecto sin dificultad adaptativa, va allá donde cree que su talento puede aportar y dondequiera que pueda seguir aprendiendo. No se guarda en un cajón lo mejor de sí mismo ni de sus conocimientos por temor a que si comparte lo que sabe dejará de ser imprescindible. Y perderá su valor. Al contrario, le enriquece compartir su talento entre los demás, y que otros lo cuestionen y lo aumenten de valor.

Por cierto, una noticia para los *simios del pasado*:
¡hace ya mucho tiempo que no hay nadie imprescindible!

En palabras de **Stuart Jones**, fundador de la agencia de viajes Coworkation, «los nómadas digitales, en función de sus valores y deseos, son arquitectos de su propio presente, de su vida. La principal ventaja de su estado natural es que deslocalizan su oficina, tienen libertad para trabajar y relacionarse con otros desde cualquier punto del planeta, en un horario que ellos deciden».

El *nuevo mono* no se guarda nada para él, lo da todo y lo toma todo también. Absorbe como una esponja y comparte, interacciona, multiplica. Crece. Crece sin parar gracias a esa curiosidad y, esa vida aventurera y errante que lleva.

Un tipo de existencia errante que necesita una mente preparada para ser errante que tiene que saber habitar en entornos inciertos, desacostumbrados.

El *nuevo mono* necesita que su mente no sea acomodaticia.

Su cerebro *no echa barriga* transitando una y otra vez por los mismos y trillados caminos de la confortable repetición. Este nuevo ser, que viene para quedarse, vive en *BETA*, prueba cosas, se equivoca y pasa rápidamente a una versión mejorada de sí mismo.

El nuevo mono es un culo inquieto.

Y su cerebro, como veremos a lo largo del manuscrito, también lo es.

Y lo mejor, ha creado *herramientas* que le permiten ser muy fuerte en este nuevo entorno. En otro capítulo hablaremos de ellas, del pensamiento *ideativo* y disruptivo, del proceso creativo, de la visualización del futuro, y de cómo es capaz de catapultar sus ideas convirtiéndolas en hechos. Se siente mucho mejor cuando es capaz de convertir sus ideas en hechos, de *catapultarlas* y convertirlas en reales.

Para terminar este capítulo te dejo un titular del WEF, (World Economic Forum), de 2016:

«El 40 por ciento de las empresas en la lista *Fortune 500* no existirán en diez años. Y nueve de cada diez de las que existían hacia mediados del siglo XX ya no están...».

El *nuevo mono*, *knowmad* o no, lo sabe.
Mucho mejor no olvidarlo...

6. *RE-THINK*

El principio es la mitad de todo.

PITÁGORAS, 569 a. J. C.

Esto coge velocidad.

No hay quien lo pare.

La humanidad ha experimentado más avances en los últimos 50 años que en todos los milenios anteriores. Y no parece que haya visos de que vaya a echar el freno. Todo lo contrario. La innovación despliega sus alas en todos los órdenes de la vida casi sin tiempo para detenerse a analizar cada uno de sus impactos. Sencillamente, si cierras los ojos, aunque sea para parpadear, te lo pierdes.

De hecho, las cosas se mueven tan deprisa que resulta casi imposible «aprenderlas» en el sentido convencional de la palabra.

Esta nueva era de la digitalización, de los *big data,* de la inteligencia artificial, y de la iteración permanente nos ha traído una paradoja singular: la escuela tradicionalmente concebida y especialmente la universidad, principal impulsora del avance de la civilización, están contribuyendo a su propia «*destrucción*» como instituciones propietarias y administradoras del conocimiento humano.

Los nuevos conocimientos aparecen en cualquier lugar, no necesitan laboratorio de prácticas. Y es que, aunque los departamentos de investigación de los centros universitarios continúan siendo (aunque ya no exclusivamente, ni mucho menos) los grandes desarrolladores de experimentación e innovación en todas las disciplinas, la velocidad exponencial a la que todo avanza, nunca antes vista, está obligando a las universidades a cambiar por completo su manera de investigar y concebir el conocimiento que más tarde impartirán en las aulas.

Y es que este sabio contemporáneo al que hemos llamado *nuevo mono* no lo es por el conocimiento que atesora, sino por la cantidad de datos que es capaz de administrar, incorporar a su servicio y desechar en poco tiempo.

El *nuevo mono* vive en un estado «*re-think*» a velocidad vertiginosa.

Es decir, replanteándose todo.

Replantearse las cosas significa curiosidad permanente. Rozando lo infantil. Replantearse las cosas significa considerar soluciones múltiples, distintas, ante una situación o problema; ya sea en su vida empresarial, como ante la relación de pareja o en el caso de reorganizar su vida.

Una persona que se replantea las cosas está abierta a soluciones diferentes. A hacer las cosas de otro modo, aunque esto no quiera decir, en todos los casos, que sea de una forma mejor.

Dispone de más técnicas de observación desde otras perspectivas.

El *nuevo mono* ha cambiado el «sí... pero» por el «¿qué pasaría si...?» o por el «¿por qué no...?».

Accede así a niveles más profundos de pensamiento. Crea más momentos «eureka».

El *nuevo mono* tiene más coraje, casi sin ser consciente de ello, para poner en marcha sus ideas, para empezar alguna nueva experiencia. Asume riesgos con más facilidad.

Sabe que replantearse las cosas le permite poner sus sueños en acción.

El *nuevo mono* necesita del «*re-think*» como herramienta fundamental del pensamiento, porque necesita, como nunca antes, «echar mano» de la creatividad. Capacidad humana que, con mucho esfuerzo, y bajo un proceso determinado, nos permite observar la realidad de una forma desacostumbrada. Este proceso creativo al que hago referencia, lo veremos con detenimiento en otro capítulo más adelante en este libro.

Nuestro cerebro no puede ser por más tiempo un mero repositorio de datos acumulados. Porque entonces se acabará convirtiendo en un cementerio de deshechos desactualizados. Es tal la velocidad con la que los nuevos descubrimientos dejan atrás a los que le preceden, que el propio concepto de viejo exige una urgente revisión.

Hoy, nuestro flamante iPhone X, último modelo que ha salido al mercado, deja de serlo a los doce meses, y a los dos años es ya un objeto *vintage*, presa de coleccionistas.

Igualmente, aunque en este caso seamos más inconscientes, sucede con lo que estudiamos y lo que creemos saber.

Hoy nuestros conocimientos alcanzan la edad de jubilación cuando apenas han empezado a caminar. Apenas empezábamos a dominar Facebook y Twitter cuando surgió Instagram y nos obligó a reprogramar todo lo aprendido.

Cuando terminamos de comprender el funcionamiento de los engorrosos discos duros de almacenaje externo con conexión USB, vino la nube y lo volvió todo del revés con su inmenso y etéreo almacén virtual.

¿De qué sirve emplear meses en aprender una tecnología que habrá quedado obsoleta antes incluso de que el autor termine de redactar el manual que explica su funcionamiento? ¿Qué propósito tiene aprenderse de cabo a rabo una ley que dejará de aplicarse a los pocos meses de su publicación en el BOE porque la figura económica que regula habrá sido reemplazada por otra distinta y más avanzada?

La formación se está dando cuenta de que no puede seguir avanzando al ritmo de una calesa de paseo tirada por un par de viejos caballos cuando el resto del universo lo hace en modo supersónico o a la velocidad de la luz. Es imposible que así aporte avances.

Algo está pasando...

La velocidad exponencial a la que circula el talento en movimiento ha hecho que el *nuevo mono* cambie su manera de vivir. Y también su manera de acceder al conocimiento.

La escuela, como lugar genérico de aprendizaje, no puede ser lo que fue. O sí... pero re-pensada, re-organizada, actualizada.

Necesita de un buen *re-think*.

El aprendizaje no será nunca más una sucesión de datos y fechas aprendidos memorísticamente de un libro, descontextualizados y asimilados como un dogma. Eso ya no sirve de gran cosa, salvo para ganar alguna que otra partida de Trivial. El *nuevo mono* deja de manejarse en términos absolutos y donde se siente a gusto es en los relativos. El dogma deja paso a la iteración y a la prueba; la rigidez a la flexibilidad; el camino único y trillado a las alternativas múltiples.

Fruto de esta nueva concepción, que he llamado *re-think*, los conocimientos dejan de ser útiles por sí mismos, y lo que realmente se convierte en imprescindible son las habilidades; la capacidad para asimilar el cambio, sentirse parte activa y moduladora de éste.

El aprendizaje extenso de un máster cambia por el tutorial, en unos minutos, explicado en un vídeo.

Lo realmente importante para el *nuevo mono* es tener los esquemas mentales preparados para incorporar con celeridad cualquier innovación tecnológica o metodológica que se produzca y pueda ayudarle a lograr sus metas.

El autor no descuida, al hacer esta exposición, que el *nuevo mono*, que vive así, bajo aprendizajes aceleradamente recibidos y en proceso continuo de *re-think*, puede ser, a su vez, un gran cirujano que sí necesita de estudios universitarios profundos, de másteres, de congresos médicos... O en lugar de un cirujano, pongamos un experto en ingeniería naval, un actor de cine, un geólogo, un experto bibliotecario...

Puede ser el mismo *nuevo mono*, en sus variados personajes.

CAMBIAR EL *MIND SET*

Nuestro cerebro es un órgano extraordinario, capaz de conseguir logros que sobrepasan su propia capacidad para imaginarlos. Él es quien nos ha traído hasta aquí, el capitán del barco, el piloto de la nave. El responsable de que la humanidad saliera de las cuevas y venciera sus muchas limitaciones físicas hasta cotas inconcebibles en poco tiempo, en unos pocos siglos.

Pero también es un órgano extraordinariamente perezoso.

Funciona a partir de patrones que aprende y repite y repite y repite y repite y repite... una y otra vez.

Y no es fácil sacarle de ahí.

Tampoco debemos culparle excesivamente por ello. Hay una razón para esta forma de actuar un tanto cicatera. Nuestro cerebro es *gestor* de nuestros niveles de energía. Su misión es lograr que nuestro organismo funcione de la manera lo más optimizada posible, asegurándose así de que lleguemos lo más cerca posible de esos cien años en los que los más optimistas sitúan la esperanza de vida actual. Para lograrlo, está continuamente intentando economizar energías, procurando que nuestro desgaste físico y mental sea el menor posible.

Imaginemos que una pareja adinerada muere en un accidente de coche y que su fortuna pasa a su único hijo, un niño de corta edad. Hasta que el huérfano cumpla los dieciocho años, la custodia legal de ese patrimonio pasa a la figura de un tutor. El objetivo de este tutor será administrar de la manera más racional posible esa fortuna, utilizando parte de esos recursos para garantizar que el niño recibe la atención y la educación adecuadas, pero evitando los gastos superfluos o injustificados para poder hacer entrega de ésta prácticamente intacta a su legítimo heredero cuando llegue el momento.

Ese tutor es nuestro cerebro.

Sólo que su estrecha vigilancia de nuestros niveles de consumo energético serán permanentes. No dejará de administrarlos hasta el mismo día en que él mismo se apague.

Por expresarlo de una forma gráfica, nuestro cerebro emplea bastante energía y recursos en trazar una serie de surcos por los que puedan transitar en adelante las ideas. Es como poner en marcha una nueva línea de AVE. Lo que nos impresiona es la velocidad con la que pasan los trenes ante nuestros ojos, el milagro de salir de Madrid y plantarse en Sevilla en apenas dos horas. Y, sin embargo, el gran esfuerzo se ha realizado una vez, en el tendido de la red de vías. Ahí es donde se ha invertido el tiempo y los recursos. Una vez desplegada, los trenes de alta velocidad circulan por esas vías una y otra vez sin demasiado desgaste. Aunque hay que saber dirigirlos.

El problema es que, por más que hacer el trayecto Madrid-Sevilla en dos horas sea un prodigio de eficiencia, siempre será exactamente eso: Madrid-Sevilla en dos horas. Ese mismo AVE nunca podrá llevarnos a La Coruña o a Tarragona, ni en dos horas ni en un millón de años. Porque las vías se construyeron para llevarnos de Madrid a Sevilla y de Sevilla a Madrid. Ni más ni menos. No hay forma humana de que esos raíles se desprendan de la tierra y cambien su curso para conducirnos a otros destinos.

El *nuevo mono* no puede permitirse ir por una misma vía o trayecto siempre. Necesita ir a múltiples destinos.

Porque, por mucho que le enloquezca y encante la Giralda, o le pirre el Palacio Real de Madrid... al final esas opciones se le van a quedar muy *cortas*.

En su afán por economizar, el cerebro autolimita su propia capacidad para innovar y abrir nuevos caminos. ¡Una lástima!

Porque, biológicamente hablando, está preparado para ambas cosas: no olvidar lo aprendido y usarlo cuando sea necesario (*pensamiento enjuiciativo lógico*), y su capacidad es enorme para crear lo nuevo, tener múltiples alternativas ante un mismo hecho (*pensamiento lateral creativo*).

Al *nuevo mono* no le sorprende la capacidad de sorpresa, permanentemente puesta a prueba. Vive de ella. Se sorprende por todo. Se ilusiona por todo lo nuevo.

En su escenario vital no hay surcos y vías que valgan, como si de un tren AVE se tratase...

El *nuevo mono* hace el esfuerzo de obligar a su órgano vital más preciado, su cerebro, a abandonar los confortables caminos trillados que recorría, normalmente de memoria, inconscientemente, con los ojos cerrados. De lo contrario, se sentirá perdido.

Vive bajo un *re-think* en estado activo. No desprecia lo que sabe, sólo se lo cuestiona. Le busca nuevos valores.

Se reprograma todas las veces que le sea necesario.

El *nuevo mono* ya ha hecho el cambio de *mindset* que le permite avanzar en otras direcciones y contemplar múltiples alternativas, verdadera clave de la innovación y el pensamiento creativo.

Sabemos por nuestra pasada historia que no es la primera vez que el ser humano aborda un profundo cambio de mentalidad de estas dimensiones. Como ya decíamos, grandes descubrimientos en la historia de la humanidad, desde el fuego hasta la imprenta, han marcado un antes y un después en la evolución. Y siempre estos hitos se han caracterizado por la adopción de nuevos esquemas mentales.

Es como en aquel *2001: una odisea del espacio,* de Kubrick. Tras encontrar el famoso monolito, uno de los monos descubre que puede usar la osamenta de un animal descompuesto a modo de martillo. Este hallazgo tiene un impacto notable en la vida de esa comunidad. Porque pone a su disposición simultáneamente un arma con la que derrotar a sus enemigos, un instrumento para la caza y una herramienta con la que trabajar. En ese momento suena la inolvidable música de *Así habló Zaratrusta,* de Richard Strauss, para reforzar ese punto de inflexión en el desarrollo humano. Más tarde, en la segunda parte de la película, miles de años después, unos astronautas encuentran el famoso monolito en la Luna, y de nuevo escuchamos la música para indicarnos que la humanidad acaba de dar otro paso de gigante en su crecimiento como especie.

Si estuviéramos ahora viendo nuestro momento actual, el del ciudadano *BETA*, en esta icónica cinta de ciencia ficción, esa música de Strauss estaría sonando de nuevo para nosotros. Porque nos encontramos en otro de esos momentos decisivos en el que hemos de asumir un hito de cambio histórico en el devenir de la humanidad.

El hueso del mono es ahora el *smartphone*... por decirlo de una forma sencillamente simpática.

FUERA DE LA VISTA

Un verdadero peligro:

tener y sostener las ideas bajo un punto de vista fijo.

Se ha dicho mucho en el pasado, pero la realidad es que nunca como hasta ahora ha sido tan cierto ese aforismo repetido hasta la saciedad de «innovar o morir». Y tampoco antes fue esta máxima tan relevante y válida, tanto si hablamos del mundo del *management* y la empresa en general, como de la vida en todas sus dimensiones.

En el nuevo mundo en el que habita el ciudadano *BETA*, la innovación se entiende de otra forma; ya no hay que innovar para tener una ventaja competitiva sostenible, que es como se hacía hasta ahora. Hay que innovar para tener una ventaja competitiva que aun sabiendo que nunca será sostenible nos permita seguir vivos en un corto espacio de tiempo.

El *nuevo mono* vive ***out of view***. Fuera de la vista. Eso le supone la ausencia de un punto de vista fijo, de un referente al que se pueda retornar desde cualquier punto para tomar aire y recuperar la perspectiva. Desaparecido ese nivel de seguridad, ahora nuestro éxito depende de nuestra capacidad para comprender y aceptar que la relación de los humanos con su entorno es algo en continuo tránsito.

Una definición de creatividad es mirar fuera de los puntos de vista naturales, mirar la realidad de una manera desacostumbrada. Se trata de una cualidad que no siempre explotamos lo suficiente, pero que definitivamente nos distingue del resto de los animales.

Querido lector, te propongo un reto.

Coge un lápiz y un folio en blanco.

¿Ya lo tienes?

... Dibuja una casa. No hace falta que uses mucho tiempo para ello...

¿Ya está?

Muy bien.

Ahora, observa tu dibujo.

¿Por casualidad la casa que has dibujado es como las que solías dibujar cuando eras pequeño? Es decir, un rectángulo, con un triángulo encima, una puerta, dos ventanas y una chimenea.

¿Tal vez has dibujado un caminito sinuoso hasta la puerta y un arbolito al lado? ¿Has dibujado el sol? ¿Le has puesto un sol radiante con sus rayos refulgiendo y tal vez un par de nubecitas en los laterales?

¿O no has dispuesto, siguiendo mis instrucciones, de suficiente tiempo para ello?

Si la respuesta a todas estas preguntas es un «sí», no quiere decir que tu cerebro tenga poca capacidad para el dibujo ni para la creatividad, sino que no ha considerado oportuno sacarlas a relucir.

No te has detenido a pensar demasiado porque ya lo traías pensado de *casa*, tu cerebro «sin necesitar pensar», ha trazado las líneas que tenía aprendidas desde los cinco o seis años de vida.

¿Una casa? ¡Ahora mismo! Cojo el lápiz, hago tres trazos: pim, pam, pum y ya está. Simplemente, ha escuchado la palabra casa y ha buscado las vías de AVE que construyó en su momento, muchos años atrás, para trasladarse a esa ciudad: Ciudad casita de cuento.

Siento decírtelo así, tú también lo sabes, pero tu dibujo no es demasiado impresionante. No esperes que suene el *Así habló Zaratrusta* por tu hazaña. Como monolito deja bastante que desear.

Ahora bien, no te mortifiques. Si has pintado la casa que ya hacías en el colegio es porque es lo que menos trabajo le costaba a tu cerebro. Ya lo vas conociendo. «Ley del mínimo esfuerzo.»

No se lo permitas. Oblígale a trabajar un poco.

Es más fácil de lo que parece. Todo lo que necesitas es negarte a aceptar por sistema la primera idea que acuda a tu cabeza. Cuestionarse la primera idea es siempre el primer paso de todo proceso creativo. No dar por bueno lo que parece evidente que lo es.

La forma de gestionar la generación de nuevas alternativas nace de la posibilidad humana de cuestionarse las ideas; la primera, la segunda, la tercera, la cuarta y las que sean necesarias.

¿Cuesta más trabajo? ¡Ya lo creo!

Pero ese hábito de cuestionarse el *statu quo* de una idea, repetido en el tiempo, es lo que me acaba generando nuevas alternativas. Y lo mejor de todo, es que una vez adquirimos ese hábito, cada vez nos costará menos trabajo pensar creativamente.

Recuerda: lo difícil no es tener nuevas ideas, sino superar las antiguas.

El mundo de la empresa, y en general la sociedad, están repletos de zombis. Son personas que se levantan por la mañana ya cansadas. No físicamente, pero sí *cansadas de cabeza*. Los verás arrastrándose por oficinas, tiendas y fábricas. Tratando de resolver nuevos problemas con viejas soluciones. Haciendo las cosas «como siempre se han hecho» únicamente por eso, porque «siempre se han hecho así».

Estos «*working deads*» piensan que sus éxitos del pasado les garantizan los éxitos del futuro.

Con esa manera de pensar, jamás van a alumbrar una idea mínimamente interesante. No le ponen energía. No son capaces de revelarse ante la indolencia y vaguería crónica de sus cerebros. En realidad, como te decía, el secreto no está tanto en tener nuevas ideas, sino en tener el valor de superar las antiguas.

El *nuevo mono* odia profundamente a estos *zombis*. La relación personal o profesional con ellos está en continuo estado de guerrilla.

El viejo simio sigue entre nosotros.

Es un zombi, un infiltrado. Su problema es que no ha entendido bien la fórmula del cambio de la que hablábamos al principio de este manuscrito: **C = N – R**.

La «r» es su protagonista. Vive «r» que «r»...

Con una mochila llena de resistencias para todo.

Su palabra preferida es el «no».

Como ves, la fórmula no parece demasiado complicada.

No hace falta ser *cum laude* en el MIT de Boston para comprenderla...

Pues aun así hay muchos que la siguen viendo como un galimatías de física cuántica.

Quienes son incapaces de gestionar las resistencias al cambio, y gestionan desde la «r», incurren en lo que en el campo empresarial suele denominarse ***El Síndrome del Feudo***.

También es conocido en etología animal como ***El Síndrome del Lucio***.

El Síndrome del Lucio surge de un experimento científico. Se colocó a un lucio en una pecera que estaba dividida en dos mitades mediante un cristal transparente. En una de las mitades estaba el lucio y en la otra una apetitosa comida. Ignorante de la barrera que lo separaba de su almuerzo, el lucio nadó hacia lo que todo hacía presagiar sería un festín, pero se encontró con la inesperada y desagradable sorpresa de que una barrera invisible se lo impedía.

El pobre pez lo intentó una y otra vez, pero siempre se topaba con el implacable cristal que le bloqueaba el acceso a su objetivo. Así hasta que se cansó y desistió.

Fue entonces cuando los investigadores retiraron el cristal divisorio. Ya nada se interponía entre el lucio y su alimento. Pero este se siguió comportando como si el condenado cristal siguiera en su sitio y no volvió a intentar llegar hasta la otra mitad de la pecera. ¿Por qué? Su experiencia le había condicionado de tal manera que estaba convencido de que era imposible que las cosas resultaran de un modo diferente. En etología se conoce este hecho como el proceso de *impotencia aprendida* o también de *indefensión aprendida*.

Como el pobre lucio, las personas también nos quedamos frecuentemente enganchadas al pasado. A eso que siempre hicimos y que siempre fuimos. Nos autolimitamos. Y eso nos mata.

En el mundo de la empresa hay cientos de ejemplos. Kodak pensó que seguiríamos revelando carretes eternamente. Sony creyó que nadie les haría sombra en el terreno de la reproducción portátil de música. Que nada superaría al walkman, al discman, al mini-disc... ¡Al mini-disc!

El *nuevo mono* no puede permitirse seguir actuando como sus simios antepasados. Tiene que empezar a rebelarse contra sus propios esquemas mentales.

¡Se ha dado cuenta de que ya no hay un cristal interior que divide la pecera!

Vive en estado continuo de ***re-think***.

De observación, reducción o destrucción de las barreras, llamadas resistencias, que le impiden avanzar.

El *re-think* le aporta al *nuevo mono* la posibilidad de

renovar cualquier ámbito de su vida, ya sea en sus relaciones personales como en su carrera profesional, en sus *hobbies* como en su maestría.

El *nuevo mono* sabe, es muy consciente de ello, que el más importante *re-think* al que tiene que enfrentarse es el que se está produciendo en el campo de las tecnologías.

Frank Gelett, escritor y humorista, ha dicho:

«Si en los últimos años no has descartado una opinión mayoritaria o bien adoptado una nueva, comprueba tu pulso. Puede que estés muerto».

Yo añado: puede que seas un zombi.

Por favor, ***re-think everything!***

7. LA MENTE ERRANTE

> No tengas miedo a la perfección, nunca la vas a alcanzar.
>
> Salvador Dalí

Una de las primeras cosas que todos aprendemos de pequeños, cuando llegamos al colegio, es a dibujar correctamente las figuras geométricas. Solemos empezar por las más básicas: el cuadrado, el triángulo y el círculo. Las dos primeras no suelen presentarnos demasiadas dificultades. Al fin y al cabo, se trata de unir unos pocos segmentos rectos aquí y allá; pan comido incluso para nuestras todavía limitadas capacidades infantiles. Pero el círculo, ¡ay, el círculo! El condenado círculo ya es otro cantar, es posiblemente uno de los primeros motivos de *estrés laboral* que sufriremos a lo largo de nuestra vida. Un reto de notables dimensiones que nos obliga a aplicarnos al máximo y a poner los cinco sentidos en la tarea. Porque hacer un círculo perfectamente cerrado sin la ayuda de un compás o de un molde tipo *culo de botella*, de manera que sólo haya que pasar el lápiz por sus bordes, es algo muy complejo para un crío de tres o cuatro años (y si me apuras, también para alguien de treinta o cuarenta...).

Quizá, el mayor problema está en que el círculo que nos enseñan a dibujar en el colegio (y nos obligan a reproducir fidedignamente) es un círculo perfecto y perfectamente cerrado. Una *versión infantil* de aspiración hacia la perfección. Una utopía y una osadía. Porque todos sabemos que la perfección raramente se da en el mundo real.

Nos han educado así, desde nuestros primeros días de colegio, en la ingenua idea de querer ser perfectos, de que es nuestra obligación aspirar a ella. Y de que nuestros «trabajos» deberán ser perfectos, como el primer círculo que dibujamos. ¿A quién no le han enseñado que hay que perseguir la seguridad? El trabajo fijo, la pareja estable, la casa en propiedad... Y ya de paso, un confortable nicho pagado y esperándonos en el cementerio, con hermosas vistas a la hilera de cipreses vecinos.

Amigo lector, tú lo sabes bien, la vida no es segura; de hecho, es totalmente impredecible. La vida es incierta.

Salvo la muerte (que ya no es vida), no hay certeza alguna en todo el tránsito que por este mundo hacemos. No puede haberla. Va en contra de su propia naturaleza. La normalidad en la existencia humana es la incertidumbre en su estado más puro. Y aunque nuestro cerebro se empeñe en buscar el confort de la seguridad, lo cierto es que la vida tiene la misma comodidad que una de esas camas de pinchos en las que suelen echar la siesta los faquires. Y lo malo es que ni en el colegio, cuando nos enseñan a trazar esos círculos imposibles, ni más tarde en la universidad, nos preparan para ello.

No soy amigo de dar muchos consejos, desde luego no desde el dogmatismo que pueda defender un determinado paradigma, pero permíteme dejar por escrito aquí uno necesario para habitar felizmente este mundo que está llegando, este momento histórico tan *BETA*: ¡AMA LA IMPERFECCIÓN!

El *éxito* de tu vida, en tu trabajo y en las relaciones de cualquier tipo con los demás, radicará en la capacidad mayor o menor que tengas de asumir la imperfección, desde la tranquilidad y con consciencia plena de ello.

Lo normal es lo imperfecto.

Aprender a improvisar será una de las cualidades más buscadas en los profesionales del nuevo siglo. Especialmente para los líderes.

Yuán-Xíng, círculo en chino.

En las culturas orientales, al contrario de lo que hacemos nosotros en Occidente, enseñan a sus hijos a dibujar una especie de ideograma, llamado *Yuán-Xíng*, que significa círculo sin cerrar. Recomiendan en las escuelas a los niños que no lo cierren nunca. Ellos también tienen la circunferencia, que es completa y cerrada, pero el círculo lo dejan siempre incompleto, abierto. Bajo su punto de vista, el círculo es una extensión del ser humano.

La razón de dejarlo abierto: aprenden así que el círculo, como la vida, nunca puede estar cerrado. La mente cerrada no deja entrar nada nuevo. No aprende. No cambia. No crece. No evoluciona.

Y lo peor, si estuviera cerrada, no dejaría salir lo que sobra en ningún momento. Lo podrido o viejo se quedaría dentro.

Suficiente razón para dejar el círculo abierto. Una razón metafórica, si se quiere, pero que cobra pleno sentido en esta nueva era que comienza. Porque en esta era, de *mente errante* y de espíritu iterativo, hay que estar permanentemente incorporando lo nuevo, probando cosas... y desechando aquello que demuestre ineficacia o que no aporte valor. Y en ese flujo continuo de prueba-error, necesitamos que nuestra mente permanezca abierta para poder dejar entrar las nuevas ideas y, al mismo tiempo, dejar salir todo ese conocimiento desechable. Si tu círculo está cerrado no permitirás que esa gigantesca autopista de doble sentido funcione.

Se trata de una nueva forma de entender lo cotidiano y de relacionarnos con la nueva normalidad, en la que el *nuevo mono* ha comprendido y asumido lo que significa la imperfección. No le duele. La agradece. La recibe con los brazos y la mente abiertos. La abraza.

La vida es caos. La sociedad tiende al caos, las organizaciones son caóticas, las personas somos caóticas. Ya lo explica la segunda Ley de la Termodinámica. Y, sin embargo, estamos permanentemente buscando el control de las cosas. Así de paradójico...

Se ha denominado *caordismo* al proceso que nos ayuda a entender cómo subsistir y ser felices en un mundo caótico, en el que perseguimos el control de las cosas. La búsqueda de control nos permite, con frecuencia de forma fantasiosa, sentir que reducimos la incertidumbre.

En 1927, un matemático llamado Heisenberg formuló el famoso ***Principio de Incertidumbre***, también conocido como de Indeterminación.

Venía a decir, de forma seudocientífica, algo así como que nada se puede predecir con exactitud, siempre queda un margen a la incertidumbre, porque el «observador», sólo por el hecho de ser testigo de la observación, influye en la realidad observada, la altera, introduce sus variables de indeterminación.

Heisenberg se refirió a la imposibilidad, en el nivel subatómico, de conocer a un mismo tiempo la posición y la velocidad de movimiento de una partícula.

Y así ha sido siempre. Observar y ser parte de la observación generan un fenómeno de indeterminación que no permite tener una idea segura de nada, tan sólo por el hecho de observarla desde los paradigmas del propio observador.

El Principio de Incertidumbre no es válido sólo para la física cuántica, sino para tantas otras situaciones sociales y psicológicas.

Este principio es uno de los llamados *básicos* en las técnicas del *coaching* moderno.

Ya la vida era incierta y caótica antes de que nosotros estuviéramos aquí. Y es que la probabilidad matemática de que el espermatozoide llegue hasta el óvulo y lo fecunde es infinitesimal. Es mucho más probable que nos toque el gordo de Navidad jugando a un único número una vez en la vida, que nos toque la quiniela de venir al mundo.

Pero aquí estamos.

La vida es insegura incluso desde antes de nacer.

En ella lo incierto se convierte en cierto y lo inexistente, existe. De entre esos cientos de millones de espermatozoides resueltos a llegar a la meta, la inmensa mayoría perece en el intento. Pero a veces, hay uno que lo logra.

La vida es incómoda. Es insegura. Es incierta, y es imperfecta...

Por eso es vida.

¡Por eso estamos vivos!

... Y por eso, deberíamos **amar la imperfección**.

¿SI QUIERES PUEDES? ¡NO!

¿Y por qué no?

Porque entender y asumir que la vida es incierta e imperfecta tiene una consecuencia clarísima: nos permite entender que todo aquello que queremos, por mucho que nos lo curremos, no va a suceder.

Siento darte esta mala noticia, aunque tú ya la sabías:

TODO NO DEPENDE DE TI.

Es verdad, sin ninguna duda (yo lo defiendo cada día en mis conferencias, cursos, libros, seminarios...), que la ilusión con talento y perseverancia te hará alcanzar muchas más metas, profesionales y personales, en cualquiera de tus actividades. Sin ninguna duda...

Pero no te va a garantizar que aquello que tanto deseas ocurra con seguridad. Nada es seguro.

El *nuevo mono* lo sabe.

Sabe que tiene que perseverar para triunfar. Lo sabe con tanta ansia que quizá sea la especie de mono más defensora, a ultranza, de toda la historia anterior de la humanidad, de la necesidad de iterar continuamente. Se cae y se levanta. Se equivoca y aprende.

Aun así, igualmente sabe que nada está garantizado.

Sabe que del «perder» también se aprende. Y no sólo lo sabe, como ocurría con sus antepasados los otros simios alfa, sino que lo practica con asiduidad.

Por eso, entre otras cosas, al *nuevo mono* le sobra la literatura de autoayuda, la psicología barata de estantería de aeropuerto, las charlas de los nuevos evangelistas sobre «el si quieres puedes», los gurús metidos a motivadores que, repitiendo lo que ya dijo Buda con lenguaje actualizado, o copiando frases magistrales de la historia de la filosofía, o de *El Principito*, pretenden hacernos pensar que con tan sólo una buena actitud ya lo tienes todo conseguido.

El *nuevo mono* huye de esto.

En este momento, querido lector, tienes todo el derecho de «poner a caldo» a este autor al que ahora lees. Conferenciante motivador, escritor de pacotilla y bloguero, ya un clásico en nuestro país, conocido por mi afición a defender la importancia de la actitud, la ilusión o el sentido del humor y su repercusión en nuestra vida.

Pero también, permíteme decir en mi defensa, que una cosa es dar valor a estos elementos básicos, tan obvios y tan olvidados con frecuencia en nuestra cotidianidad, y otra muy distinta decir, pregonar a los cuatro vientos, que tan sólo con ilusión, o con una actitud muy positiva, podrás alcanzar todo lo que persigas. Nunca dije eso en ningún lugar, ya fuese folio en blanco, espacio en la nube o en una charla presencial. No es mi discurso. Nunca lo ha sido. No lo será...

El *nuevo mono* huye de mí.

Desde pequeños nos han inculcado la cultura del esfuerzo, nos han insistido machaconamente en la infalible justicia de la *meritocracia* ganada a pulso, con tenacidad. Creo en ello. ¿Y tú?

De la misma manera que creo que, al no depender todo de nosotros, otros factores generadores de incertidumbre, incontrolables por tanto, pueden cambiar el rumbo de las cosas.

La hormiguita que *se lo curra* durante todo el verano tendrá su recompensa en invierno; la cigarra que se dedicó a *sestear*, las pasará canutas cuando empiecen a caer las hojas en otoño.

Nos han enseñado a perseguir la certeza. Como si todo se redujese a una fórmula matemática infalible en la que cada cosa que sucede es la consecuencia inevitable y predecible de nuestros actos. Un corolario. Si estudias mucho aprobarás; si te esfuerzas mucho, lograrás tus objetivos...

Es necesario que sea así.

Sin embargo, en nuestro fuero interno sabemos que es una gran mentira.

Es necesario, premisa inicial, punto de partida, querer para poder.

Siempre lo he defendido.

Es necesario el esfuerzo repetido en el tiempo, se le llama voluntad.

Siempre lo he defendido.

Y si es con entusiasmo, mucho mejor.

Siempre lo he defendido.

Y lo sigo defendiendo y postulando.

Ahora bien... otros factores también intervienen.

Y probablemente, tenerlos en cuenta nos ayudará a que las cosas nos vayan mejor.

Nada está garantizado. Sólo la muerte (... que ya no es vida).

Estudiar y esforzarse son, siempre, condiciones necesarias para lograr los objetivos que nos marquemos, pero no suficientes.

El *nuevo mono* lo sabe. Por eso se esfuerza, a la vez que da valor a otros elementos del entorno que sabe igualmente importantes.

La hormiguita tiene buenas papeletas para sobrevivir al invierno, pero no las tiene todas. Como llegue un niño aburrido y le pegue un pisotón, correrá, quizá, peor suerte que la cigarra.

Para llegar a la meta, también deberán darse otra serie de elementos que escapan a nuestro control.

A mí me encanta jugar al tenis y, modestamente, creo que no se me da mal. Salvo el saque, que siempre fue mi punto más débil, tengo un potente *drive*, para mi edad no está mal, y mi revés a una mano, sin ser la bomba, no soy Federer ☺, es bastante aceptable. Por circunstancias profesionales, tengo la inmensa suerte de conocer a Toni Nadal, y he de confesar que en más de una ocasión he tenido la tentación de retarle a echar un set con su querido sobrino al que él ha entrenado con tanto éxito. Así, en plan de amiguetes.

Si ese partido se celebrara algún día, no os quepa duda de que me dejaría la piel para intentar ganarle. Que pondría todo mi empeño y pericia con la raqueta por derrotar al mejor deportista español de todos los tiempos. Y de que estaría hipermotivado para ello.

Saldría ilusionado a la pista. Dando pequeños saltos delante de la red antes de empezar el partido. Y de vez en cuando gritaría con todas mis fuerzas «vamossssssssssss...».

En fin... afortunadamente para mí, soy consciente de que no puede ser: yo no ganaría a Rafael Nadal, imagino que tú tampoco, amigo lector, ni aunque él jugara con las manos atadas a la espalda.

Porque no todo lo que uno desea es posible.

Todo ser humano está condicionado por la geografía de sus propios límites. Es como un mapa que delimita las fronteras de lo posible y lo imposible. Pero para llegar a dibujarlo hay que explorar primero el territorio. Ya lo advertía Sócrates. Sólo cuando uno se pone el casco de explorador y descubre cuáles son los límites de su geografía, es cuando está en disposición de intentar llegar, alcanzarlos y, desde ahí, tratar de superarlos y marcarse nuevos límites. Pero si no somos capaces de delimitar primero hasta dónde somos capaces de llegar, dónde están nuestros límites, vamos a sufrir mucho en la vida: quizá podamos tener un grave problema de gestión de expectativas.

Hay una ecuación de arranque que todos necesitamos tener muy clara. Y es que nuestra vida va a ser más o menos satisfecha en la medida en que la realidad y nuestras expectativas estén alineadas. Porque como éstas sean muy superiores a aquéllas, nunca estaremos contentos y estaremos condenados a pasarnos la existencia en permanente estado de frustración.

Y este planeta ya tiene suficientes frustrados.

Las personas más felices suelen compartir un rasgo en común: tienen la capacidad de gestionar adecuadamente sus expectativas.

El *nuevo mono* sabe que sus habilidades son necesarias, pero también que el talento de hoy necesita equiparse con componentes nuevos.

Las habilidades y los conocimientos sólo le alcanzan para ser uno más en el montón. Sin diferencia. Necesario, pero no suficiente.

Destacar se hace cada vez más difícil y quizá menos necesario.

La singularidad está en la normalidad.

El *montón* empieza a ser más importante que el individuo.

A la *Vaca Púrpura*, de mi conocido *Seth Godin,* dejaron de mirarla.

REGRESO AL FUTURO

El *nuevo mono* regresa al futuro con mucha frecuencia.

El gran **Steven Spielberg** creó en los años ochenta una saga que marcó a toda una generación. Nos dejó una huella profunda, y alguna que otra lección fantástica. Y es que pocas películas como las tres entregas de *Regreso al futuro* (*Back to the Future*), con aquel mítico Delorian en el que Marty McFly (Michael J. Fox) y el alocado, pero genial profesor Emmet Brown (Chistopher Lloyd) recorrían las décadas del tiempo como si fuera una cinta de casete rebobinándose adelante y atrás.

Regreso al futuro, en principio, no pasaba de ser una amable comedia de aventuras dirigida al público juvenil, pero de una forma quizá inconsciente, encerraba una enseñanza genial: para cambiar el presente, *viaja* primero al futuro.

Visítalo y después vuelve aquí (*back*), al presente, para hacer todos aquellos cambios que necesites hacer si quieres conseguirlo.

Viaja al futuro y mira cómo vas de límites. Calcula adecuadamente las expectativas.

Una de las mejores estrategias que podemos seguir para alcanzar nuestras expectativas es hacer como McFly, traer el futuro al presente. Hacer nuestro particular *Back to the future*.

Para conseguirlo tendremos que montarnos en nuestro Delorian particular y viajar mentalmente a ese futuro. Es un futuro imaginado en el que haremos el ejercicio de visualizar cómo queremos que sea. Una vez se haya configurado con nitidez en nuestra mente esa imagen, deberemos traerla al presente (hacer ese «*back*») para desde ahí poder diseñar y trabajar, soñar y hacer posible, el deseo... el objetivo.

Si un profesional pretende destacarse, si quiere asumir retos profesionales importantes e ilusionantes, si aspira a dejar de ser uno más en el montón y convertirse en un *nuevo mono* en esta sociedad de trabajo colaborativo y global, tecnológico y digital, su única oportunidad de lograrlo es empezar a trabajar en su futuro desde el presente.

Ya he mencionado que me gusta Steven Spielberg, pero todavía me gusta más **Woody Allen**. El genio de Blooklyn es una fuente inagotable de perlas de sabiduría. Una de sus frases que más me gusta es la que dice: «Me interesa mucho el futuro porque es donde voy a pasar el resto del tiempo».

Hagámosle caso a Woody.

No podría estar más de acuerdo con el director de las clásicas *Manhattan* y *Annie Hall*, entre otras...

Al *nuevo mono* le interesa el futuro. Vive en él. A veces, demasiado tiempo. Más de lo que debería. Olvida el presente. Sufre por ello.

No practica el aquí y ahora. Lo pasa mal. Se estresa más de la cuenta.

Le falta tiempo para casi todo. Su espacio interior suele estar mal cuidado. Hablaremos de todo ello en otro capítulo.

Equilibrar adecuadamente el futuro y el presente. Practicar el *mindfulness*, tomarse un respiro, como apunta mi querido amigo y colega, el doctor Mario Alonso Puig en su último libro, es una necesidad vital de este *nuevo mono.*

¿ADAPTARSE? O... ¿CRECER?

Quizá, mejor que adaptarse sea *disrumpir* para crecer.

Darwin decía que las especies que triunfan son las que tienen la capacidad de adaptarse. No las más fuertes ni las más inteligentes ni las más grandes. No vamos a discutir aquí al genio, padre de la teoría de la evolución. Pero trasladado al ecosistema actual, este mensaje darwiniano se ha quedado un tanto anticuado... creo yo.

Quizá, en estos tiempos, la capacidad de adaptación está sobrevalorada.

El autor de *El origen de las especies* olvidó que adaptarse implica necesariamente una **reacción** ante algo que nos impacta. Es una respuesta a un estímulo. Y está muy bien; no vamos a quedarnos de brazos cruzados.

Pero en esa ecuación, el orden de los factores no puede alterarse. Primero hay un acontecimiento que nos afecta y después, como reacción a éste, nos adaptamos. En otras palabras, un *nuevo mono* diría que el que se adapta siempre va un paso por detrás.

Lo haces cuando no te queda más remedio, porque si no te adaptas, pereces.

Hace 3.700 años los antepasados de los actuales elefantes, los mamuts lanudos, se extinguieron porque no supieron adaptarse al creciente hostigamiento de los humanos, que los cazaban sin misericordia, y por un progresivo cambio del entorno hacia un clima más templado. Una investigación de la Universidad de Berkeley en California demostró recientemente que el nuevo entorno (epigenética) provocó una serie de mutaciones perjudiciales en el ADN de estos gigantes que terminó de precipitar su caída.

Otros animales, en cambio, también de alguna forma lanudos en aquellos momentos, como nuestro *Homo sapiens*, supieron adaptarse y sobrevivieron.

La capacidad de adaptación es hoy, sin embargo, un concepto caduco por insuficiente. De poco le servirá al *nuevo mono* permitirse el lujo de ir a rebufo de nada ni de nadie. Va por delante, es un revolucionario. No espera a que sucedan las cosas; él provoca las cosas. Itera, prueba, juega con los elementos que tiene a su alcance y los reformula continuamente.

Coge de allí, deja de allá. Siempre hacia delante.

Comprende que el mayor riesgo está, precisamente, en no arriesgar.

El *nuevo mono* no sobrevive, vive.

Si tú o yo somos uno de los que se conforma con sobrevivir, perfecto.

Pero quizá no formemos parte de los *nuevos monos*.

Es lícito. Legítimo. Tenemos derecho a ello. Vivimos una época de transición. Aquí cabemos todos...

En la nueva sociedad, la del ciudadano *BETA*, cohabitan los *nuevos mono*s con los otros ciudadanos, simios que sobreviven, que van tirando, repitiéndose día tras día, año tras año. Y cuando algo les provoca un cambio, se adaptan, lentamente, a veces pereciendo y otras sobreviviendo.

El naturalista francés del siglo XVII **Jean-Baptiste Lamarck** acuñó el término «*antigenética*» para referirse a la influencia que tiene el medio, el entorno, en la configuración biológica de los seres vivos. Ponía como ejemplo a la jirafa, el animal de mayor estatura del planeta (puede alcanzar los 5,8 metros). Pero la jirafa no siempre fue la gigantesca criatura que hoy conocemos. Su particular fisonomía es el resultado de miles de años de evolución. Una evolución en la que el entorno jugó un papel fundamental, evitando que esta hermosa especie se extinguiera tal como les pasó a muchos de sus parientes, otros jiráfidos.

En sus orígenes, como sabes, la jirafa tenía un cuello mucho más corto. ¿Qué ocurrió? Que, como le sucedió al mamut, los violentos cambios climáticos transformaron drásticamente el ecosistema de la jirafa. Hace unos ocho millones de años, los extensos bosques dieron paso a llanuras más abiertas y, de hecho, la jirafa se extinguió en algunas de las zonas que habían sido sus hábitats naturales, como, por ejemplo, el norte de la India. En África, sin embargo, consiguió establecerse y prosperar. Eso sí, de una manera muy distinta a la que solía.

La jirafa solucionó el problema de la falta de alimento que amenazaba gravemente su viabilidad como especie de un modo tan radical como imaginativo. A medida que los bosques iban desapareciendo y el terreno se secaba, los pastos cercanos al suelo de los que solía nutrirse también iban escaseando. La solución lógica y la primera opción de cualquier especie (incluida la nuestra) habría sido emigrar, buscar entornos más propicios y abundantes. Y de hecho, fue lo que hizo durante mucho tiempo. ¡Se adaptó!

Sin embargo, al mismo tiempo, la jirafa tuvo *la lucidez* suficiente para plantearse otras opciones. Dejó de mirar desesperadamente hacia el suelo en busca de un alimento cada vez más raquítico y se le ocurrió levantar la cabeza hacia las alturas.

Sencillamente, genial.

Porque resultó que allí le esperaban majestuosas acacias repletas de deliciosas hojas verdes.

En un principio estaban muy altas, casi inalcanzables. Pero la jirafa ya había encontrado su camino: HACER-lo de forma diferente. Levantar la cabeza intentando alcanzar las hojas del árbol.

Le llevaría millones de años transformar su ADN hasta desarrollar un cuello lo suficientemente largo para llegar hasta esas lejanas ramas de los árboles. Pero lo logró. Fue superando los límites poco a poco.

Empezó comiendo de arbustos pequeños, después más altos, hasta finalmente alcanzar los grandes árboles.

No se limitó a adaptarse. Pensó que podía cambiar su realidad, hacer las cosas de un modo desacostumbrado.

La jirafa se comportó como un *nuevo mono*.

El *nuevo mono* busca hacer las cosas de un modo distinto.

Utiliza para ello el pensamiento creativo, lateral, generador de potenciales alternativas, para crear un futuro diferente, cambiando lo que debe hacer en el presente, resilientemente, no sólo aprovechando la oportunidad que le genera cualquier adversidad, como le pasó a la jirafa, sino incluso adelantándose a ellas. Va por delante.

Sin dejar de atender el presente, está permanentemente creando futuro, trazando las rutas hacia lo que está por llegar...

CUANDO EL CAMBIO NO CAMBIA

Estamos obsesionados con el cambio. Todo el mundo habla de él. En los libros y revistas de *management*, en las charlas TED, en las empresas, universidades y escuelas de negocios. Lo hacen los gurús, los directivos, los profesores, los *influencers*...

Pues francamente, a mí eso no me dice nada.

Los monos anteriores, los viejos simios desde la prehistoria de la humanidad, ya se tuvieron que enfrentar al cambio. Ellos también lo vivieron intensamente, sólo que en su época adquirió otras formas distintas a las de hoy. El cambio de entonces se llamaba el fin del feudalismo, se llamaba el surgimiento de las ciudades y la burguesía, se llamaba la revolución industrial...

Nada nuevo bajo el sol. El cambio ha existido siempre. Si no, no estaríamos aquí.

Para comprender al *nuevo mono*, es necesario entender previamente que la clave no está en la palabra «cambio», porque finalmente se trata de una constante a lo largo de toda la historia de la humanidad. Lo verdaderamente relevante es la forma de gestionarlo, de enfrentarse a él.

Adaptarse ya no sé si nos sirve de mucho; es cosa del pasado.

Quizá otros seres vivos se lo puedan seguir permitiendo, pero nosotros, los homínidos, no.

Es imperativo ir un paso por delante. El concepto de progreso ha cambiado. La evolución, para el nuevo ciudadano *BETA*, es mucho más R-evolución.

Si sigues pensando que el entorno te condiciona y debes adaptarte, quizá estés perdido. *Out off.*

¡Tú configuras tu propio entorno!

Tú lo *fabricas*, tú lo construyes. Eres partícipe de cómo es.

Como si de un gran lego se tratase.

No eres un gestor del cambio.

Eres un provocador del cambio.

Un R-evolucionario.

El *nuevo mono* no vive cambiando; vive en estado de incrementación.

Es la nueva normalidad.

El nuevo modelo de sociedad y de empresas que nos espera nos exigirá un nuevo modo de pensar y de comportarnos. Nos obliga a pensar con mucha más fuerza en el valor de la creatividad y a entendernos socialmente con nuestro entorno de una forma diferente.

Nos obliga a mirar la realidad de una forma desacostumbrada, para poder ir por delante.

Crear no es adaptarse.

Adaptarse o morir ya es un viejo dicho.

Es el momento de «¿Adaptarse o crecer?».

8. ATRAPADOS POR LO OBVIO

El mayor límite a nuestros logros de mañana está en nuestras dudas de hoy.

FRANKLIN ROOSEVELT

Una de las mejores definiciones de creatividad que conozco no la dio un publicitario o un artista, sino un científico. Fue **Alexander Fleming**, el padre de la penicilina, el primero en hablar de contemplar la realidad de un modo desacostumbrado...

Parece una recomendación sencilla. Pero nada más lejos de la realidad. Es condenadamente difícil, porque la primera dificultad está en nuestro propio cerebro. Órgano prodigioso, capaz de asombrosas maravillas, es también el mayor responsable de aplicarse *la ley del mínimo esfuerzo*. Como ya hemos visto en capítulos anteriores, es un ahorrador de energía. Así que hablarle ahora a este rácano gestor de nuestros esfuerzos de observar la realidad «*de un modo diferente*» es como hablarle a una persona vegetariana de comerse un chuletón de buey. Aparentemente, va contra sus principios. O eso parecería.

Pero no es así, como veremos en este y en los siguientes capítulos...

Por sí solo no lo hará. Salvo que se encuentre en peligro.

Tendremos que ayudarle.
Lo bueno: existen diferentes técnicas para hacerlo.

Uno de los principales obstáculos con los que se encuentra el pensamiento creativo es nuestra tendencia, biológica, de obviar lo obvio. En su afán por ahorrar energía, nuestro cerebro no dudará en obviar determinados estímulos que se nos ponen por delante si estima que nos van a exigir un esfuerzo adicional. Los ignorará por más que se le presenten en forma de evidencias. Lo hace por pura inercia, simplemente porque van en contra de las creencias y caminos de pensamiento que ha trazado pacientemente para nosotros a lo largo de nuestra vida. Esos caminos trillados que recorremos sin apenas esfuerzo, casi con los ojos (unos ojos en sentido figurado; los ojos de la mente) cerrados.

A esta facultad para obviar lo obvio es a lo que se llama estado de *obnosis*. O más científicamente, discriminación cognitiva.

Cuando éramos pequeños, nuestros mayores nos tomaban el pelo con una adivinanza. Nos preguntaban: ¿de qué color es el caballo blanco de Santiago? Y la mayoría de nosotros caíamos en la trampa sin reparar en que la respuesta estaba incluida en el propio enunciado de la pregunta.

Sí, éramos pequeños e inocentes... Pues creedme, ¡no hemos mejorado mucho desde entonces!

La *obnosis* es un fenómeno por medio del cual nuestro cerebro se queda enganchado a una respuesta y no sabe salir de ahí. No es capaz de ver la verdadera solución en el caso de adivinanzas o juegos de los llamados de pensar, ni aunque lo tenga delante de sus ojos o de, y esto es lo verdaderamente importante, encontrar nuevas alternativas a una determinada situación.

Queda atrapado por la primera idea o respuesta posible.

No solamente porque ha recorrido mentalmente tantas veces ese itinerario que desarrolla una serie de automatismos que le dificultan enormemente saltárselo, sino porque pierde la capacidad de observar la totalidad de posibles soluciones. Es decir, de valorar opciones.

Te propongo un juego...
Yo te hago una pregunta y tú debes contestarla en menos de dos segundos. ¿Juegas?

Allá va:
La madre de Marcela tiene cinco hijas.
Y se llaman así: Lala, Lela, Lila, Lola, y...
¿Cómo se llama la quinta?

No es necesario que te tomes un tiempo para pensar.
Ya lo tienes claro.

¡Lula!

O quizá... ¿has dicho Lulú?

Como ya estabais sobre aviso *por culpa* del caballo blanco de Santiago es posible que te hayas percatado de que el nombre de la quinta hija es Marcela. Pero si has contestado, sin pestañear, «Lula» o «Lulú», considéralo normal.

Haz la prueba con tus amigos y familiares. Si haces bien la pregunta, y con una cierta rapidez, te garantizo que habrá muchas «Lulús y Lulas» ... y muy pocas Marcelas en las respuestas que te den.

Esto, si eres de los que han «picado», cosa que es normal, te explicaré que el motivo es porque desde pequeñitos nos han enseñado que la secuencia natural e inmutable de las vocales es a, e, i, o y u.

Por lo tanto, después de Lola toca Lula.

Es lógico que, tras escuchar las cuatro primeras en su orden natural, nos salga automáticamente la quinta, la que corresponda a la «u».

Nuestro cerebro ha quedado atrapado por lo obvio, por la tiranía de lo cotidiano. El dato de Marcela, como el del color en la pregunta sobre la montura del caballo de Santiago, molesta.

No debería estar ahí. Como ese inoportuno testigo accidental de un crimen al que el asesino se ve obligado a quitar de en medio, también nuestro cerebro lo quita de en medio. Y la forma de hacerlo es ignorándolo.

La discriminación cognitiva es un *arma* muy necesaria en nuestra vida.

Nos permite... permite a nuestra mente no tener que ir *conectada* a todo, y todo el día. Es decir, tendríamos que estar muy agradecidos a ello, porque así podemos *descansar*, ahorrar energía, de todo aquello en lo que no sea necesario centrar nuestra atención.

Sin embargo, a la hora de crear nuevas alternativas, de hacer uso de nuestro poder de pensamiento lateral, creativo, también saca su filo y nos corta la posibilidad de encontrar opciones nuevas, de poder observar de otro modo una realidad que ha identificado como obvia.

Nos hace que vayamos adelante con la primera idea. Sin más...

Nos quedamos atrapados de ella.

Nos atrapa por lo obvio, porque parece la respuesta adecuada y única, sin darnos la oportunidad de plantearnos otras posibles opciones.

La *obnosis* está presente en todos los órdenes de nuestra existencia, y nos puede conducir a ignorar clamorosas oportunidades y advertencias que aparecen ante nuestros ojos, pero que no somos capaces de identificar.

La *obnosis,* en numerosas ocasiones, es la que nos lleva, por ejemplo, a repetir exactamente la misma conducta ante una situación o problema dado, por más que la experiencia nos desaconseja ser pertinaces en el error. Si las otras veces no ha funcionado ¿por qué diantres iba a hacerlo ésta? ¿Por qué insistimos en contarle a nuestros clientes la misma interminable presentación de Power Point o el mismo discurso que aburre a nuestros colaboradores o compañeros, pese a que nadie nos ha dicho jamás al terminar «¡Esto es la bomba! ¡Lo compro!»?

Pues no, ni es la bomba ni por supuesto nos lo compra.

¿No deberían ser eso señales más que suficientes para cambiar de registro?

El *viejo simio* insistirá, erre que erre, en contar la misma monserga y, encima, se sorprenderá y llorará amargamente cada vez que constate que ha vuelto a fracasar.

La *obnosis* es como esas arenas movedizas a las que, invariablemente, y parecía que inevitablemente, iba a parar el explorador en las viejas películas de aventuras. Aparecían de la nada en medio de la selva y, una vez se caía en ellas, no había forma humana de salir. Es más, cuanto más porfiaba el desdichado explorador por escapar, más profundamente se hundía. Sólo había una manera en la que el destino te dejaba huir de tu destino (si eras el protagonista, claro, si no, estabas sentenciado): que, por una bendita casualidad (o porque un alma samaritana te la arrojaba), hubiera por allí una liana de la que poder agarrarse, y así, poco a poco, el explorador podía ir izándose y librarse de esa trampa mortal.

También hay una escapatoria para la *obnosis*, en cuanto al pensamiento repetitivo se refiere, una forma en la que quien queda atrapado en esta emboscada mental puede escabullirse y dejar atrás su maligno influjo. Como el explorador a su liana salvadora, también nosotros deberemos agarrarnos a esta única salida como si nos fuera la vida en ello. Porque, en muchas ocasiones, realmente nos va la vida en ello... al menos, la vida laboral.

Una vez más, el cine nos proporciona una buena manera de explicarlo. De hecho, nuestro antídoto principal contra la *obnosis* está muy inspirado en un recurso cinematográfico: el primer plano. También llamado «*Close-up*».

El cineasta hábil utiliza esta técnica cuando necesita que la atención del espectador no se disperse, sino que tenga los cinco sentidos puestos en aquello que quiere enseñarle. Por eso, elimina de la pantalla y de nuestra visión todo aquello que no considera importante.

Por medio de este recurso visual, todo queda reducido a lo esencial, a lo que aporta valor a la historia. Nos ayuda a poner el foco en lo importante, a que no se nos escapen los detalles. El explorador que se iza tirando de la liana no piensa en otra cosa, no ve otra cosa más que sus manos acercándole centímetro a centímetro a la salvación.

Poner el foco en algo requerirá dedicarle tiempo y atención.

A las cosas que de verdad importan en la vida hay que dedicarles tiempo. A tu pareja, a tus hijos, a tus hobbies, a tu trabajo, a tus clientes... Nada que valga la pena puede tener futuro sin dedicarle tiempo.

La vida es tiempo, suelo decir con mucha frecuencia en mis cursos y conferencias. El tiempo no es oro, es vida.

A lo que no pones tiempo, no pones atención, no pones foco.

Y, quizá, te pase desapercibido.

Para romper con la *obnosis* hay que dedicarle tiempo a las cosas que importan. Tomarse las molestias, y sobre todo dedicar el esfuerzo que sea necesario, salirse de los caminos trillados aunque éstos sean más cómodos. Poner los cinco sentidos, diríamos que pararse a pensar. Sólo así empiezan a surgir nuevas alternativas, a bullir en nuestra mente nuevas ideas que cuestionan las anteriores, a no conformarse con la primera opción, ni con la segunda, ni con la tercera.

Y además, para ello, disponemos de un proceso creativo muy claro, fácil de entender, de utilizar, y de muchísimas técnicas de creatividad que, aplicadas a este proceso, nos permitirán no quedar atrapados por lo obvio, encontrar alternativas múltiples.

Este proceso al que me refiero y las técnicas más utilizadas las veremos en un capítulo de este libro dedicado a ello.

Pero sin necesidad de conocer ninguna técnica, hay una pregunta básica por la que empieza todo que siempre nos ayudará a salir de la *obnosis*. No la obvies ☺.

La pregunta es: «¿Y si...?».

O su versión: «¿Qué pasaría si...?».
Son preguntas mágicas.

También podemos decirnos: ¿y si esto, que siempre he hecho de esta manera, lo hiciera de esta otra? O ¿y si pruebo esto otro?...

Lector, puedes tener las tuyas propias. Son válidas. El caso es no dejar de hacer uso de ellas. Como lo haces cuando estás en peligro o sin solución conocida.

Este «***¿y si...?***» es un primer paso, lingüísticamente evolutivo, para convertirnos en un *nuevo mono.*

«*Prohibido prohibir*» reza el mítico eslogan revolucionario de mayo del 68. Y aquella consigna, que gritaban los contestatarios del momento, revolucionarios, frente a los tanques y los antidisturbios, vuelve a estar muy vigente en los entornos laborales y sociales de hoy. Porque nos vemos obligados a ser, quizá más que en ninguna otra época de la historia de la humanidad, contestatarios. Preguntones.

R-evolucionarios. Curiosos. Imaginativos. Generadores de otras opciones, de otras formas de hacer las cosas. Inventores e innovadores.

Fantasiosos. Artistas fuera del arte como disciplina. Nada complacientes. Adogmáticos. Aprendices de todo...

El *nuevo mono* lo sabe.

Está en el camino de serlo.

En primer lugar debemos ser todo ello con nosotros mismos.

Por alguna razón, que se pierden los ancestros de nuestra educación y nuestra cultura, nos empeñamos en poner límites a lo que, en principio, no los tiene. En ocasiones, nos ponemos los palos en las ruedas a nosotros mismos, reduciendo absurdamente las diferentes opciones creativas para encontrar soluciones nuevas, para enfocar la realidad en una dirección diferente.

El principal obstáculo del pensamiento creativo, lateral, alternativo, no está en los límites del propio problema que se nos presenta, sino en los límites que nuestra mente crea artificialmente alrededor de éste y que dificultan su solución.

Nos gusta pensar que somos analíticos. Y es verdad, lo somos. En ocasiones demasiado. Con una metodología de análisis que no es la adecuada para todo, y que nos lleva, antes de tomar una determinada dirección, a considerar todos los límites que giran ante las posibles soluciones, todos los límites que están *rodeando* las alternativas posibles. Introducimos límites a la búsqueda de opciones.

Los límites actúan como variables en la ecuación que usamos para valorar qué pasaría en los distintos escenarios posibles como alternativas de solución.

Pero así lo único que estamos consiguiendo, con frecuencia, con cada nuevo límite, es disminuir nuestra capacidad creativa.

Y constreñir nuestra capacidad de actuación.

Uno de los grandes mandamientos de la creatividad es que hay que saber despejar los límites personales y del entorno.

No se trata de no tenerlos en cuenta, sino de saber que no forman parte de la ecuación, y que nos servirán para enjuiciar, al final del proceso, si algo está en disposición de funcionar o no.

El ciudadano *BETA* tiene la capacidad de despejar de su pensamiento los límites, propios o de su entorno, de una forma rápida, sin complejos. Porque sabe que las posibles soluciones están ahí, esperando a ser descubiertas.

No se dice «esto es imposible». A veces sí dice «es difícil».

Pero no confunde un dicho con otro. Sabe que lo difícil es normal.

Forma parte de la nueva normalidad.

No dice «no lo sé», dice «todavía no lo he descubierto», «todavía no lo sé».

Si no nos cuestionamos la primera idea, si no trabajamos de una forma diferente nuestros propios límites, sacándolos de la ecuación, será muy complicado generar nuevas alternativas. No vamos a poder, por muchas técnicas de creatividad que aprendamos y muchos másteres que cursemos. Seguiremos cegados por nuestra propia mirada y no seremos capaces de ver la realidad más allá de nuestras propias narices.

Ya nos lo enseñó Einstein cuando decía:

«Un problema nunca puede ser resuelto en el punto en el que surgió».

Muchas personas no entendían esta reflexión *einsteniana*. Les parecía compleja. Por eso él lo volvía siempre a decir así: «Si un problema fuera posible solucionarlo en el punto en el que surgió, nunca hubiera sido problema... por lógica». O dicho también así: «Un problema no puede ser resuelto con viejas soluciones porque no sería ya un problema».

Esta última forma ha sido la más repetida por maestros y gurús, aunque no es la original con la que él nos lo contó, pero se entiende mucho mejor, y a la primera.

La creatividad es un acto volitivo, requiere del esfuerzo consciente y voluntario de buscar múltiples alternativas, mirando la realidad de un modo desacostumbrado.

Sin voluntad, sin la capacidad de mantener el esfuerzo en el tiempo, da igual que rebosemos de inspiración.

La famosa sentencia de Picasso lo evidenció: «Que la inspiración te pille trabajando...».

La inspiración podría ser ese estímulo, estado de lucidez o corriente de pensamiento positivo que experimenta repentinamente una persona, favoreciendo su creatividad y su capacidad para generar soluciones diversas a un problema. La inspiración es necesaria en la fase de visualización y de ideación. Es ese estado de gracia que, a menudo, atribuimos a los grandes artistas pero que todos, en mayor o menor medida, experimentamos alguna vez. Y más que con creatividad, tiene que ver con un estado de genialidad. De «eureka», o en su versión más coloquial de «ajá...».

La inspiración vive en esa «*nube*» transitoria que nos permite dar lo mejor de nosotros mismos.

Pero la inspiración en el proceso creativo, siendo imprescindible, necesita de la acción. La inspiración sin acción es como tener un sueño y no ser capaz de despertarse de él. Porque tener sueños es maravilloso, pero es mucho mejor despertarlos.

Conozco muchas personas que viven atrapadas en sus propósitos.

Personas que tienen un montón de proyectos: escribir un libro, trabajar por su cuenta, irse a vivir a un barco, montar una granja de huevos ecológicos..., pero no dan el paso, no convierten la idea en un hecho, no se accionan, no dan pruebas de hacer que se convierta el sueño en realidad. A veces, se dicen y nos dicen, quieren hacerlo, incluso tienen una idea bastante precisa de los pasos que deben acometer para lograrlo..., pero no lo hacen. Procrastinan eternamente, van postergando su realización y, cuando se quieren dar cuenta, han cumplido los cincuenta, los sesenta.

La creatividad no es sólo la capacidad de percibir la realidad de una manera desacostumbrada, con mucho esfuerzo, sino también *el poder* de los humanos para averiguar cómo llevar los sueños a la acción.

Convertir las ideas en hechos.

El *nuevo mono* lo sabe, lo practica. Se atreve. Una y otra vez.

Se equivoca, pero de ello aprende y sigue, lo vuelve a intentar.

Dicen que Cristóbal Colón era una persona extraordinariamente creativa. Y cabezota.

Fue el primero al que se le ocurrió probar una ruta **alternativa** para intentar llegar a la India. Desde que el hombre occidental descubrió aquellas tierras y codició las muchas posibilidades comerciales que albergaban, todas las expediciones europeas que se habían aventurado en esa travesía lo habían hecho por la conocida y tortuosa ruta de África, bordeando el continente africano hasta alcanzar Asia. De hecho, hasta el otro gran navegante de la época de Colón, el portugués Vasco de Gama, seguía usando esa misma ruta, siempre avistando tierra firme desde la cofa del barco, para evitar problemas, ya que se hacía así desde que se pensaba que la tierra era plana, no fuese que se cayesen en el abismo. Cincuenta y un años después del primer viaje de Colón, el astrónomo polaco Copérnico demostró que la Tierra era redonda y reformuló la teoría heliocéntrica del sistema solar, y aunque fundamentó sus teorías en torno a 1507 cuando el navegante estaba tratando de llegar al Extremo Oriente, no fueron publicadas hasta 1543.

En 1564, cuando nació Galileo Galilei, quien mejoró notablemente el invento del telescopio y formuló la primera ley del movimiento, América llevaba setenta y dos años descubierta, y hacía treinta años de la circunnavegación de la Tierra capitaneada por Magallanes y Elkano.

Por cierto, algunos analistas creen que muchos siglos antes, tanto Platón como Aristóteles seguían las enseñanzas de que la Tierra era planta de Pitágoras, Parménides y Hesíodo. Eratóstenes, director de la Biblioteca de Alejandría, midió con notable precisión el meridiano terrestre en el siglo II a. J. C.

En la época de Colón ya se estaba superando la concepción de la Tierra como una superficie plana. Por lo tanto, muchos de los marinos de su tiempo ya sabían que, si navegaban durante muchas millas en dirección *Este,* no se encontrarían con ningún abismo sino, por lógica, con el otro confín del mundo. Y por qué no, con la India.

Ese conocimiento nuevo estaba al alcance de todos.

Sin embargo, fue Colón el primero en llevarlo a la acción.

Otros navegantes de gran fama y prestigio prefirieron seguir introduciendo *sus límites del pasado en la ecuación*, y no accionar nuevas formas de hacer las cosas.

Esto, que ya les pasó a los marinos de aquel momento, les sigue pasando hoy a los capitanes que conducen *las carabelas* de ciertas empresas.

Parecería que el tiempo no nos ha enseñado nada.

Seguimos actuando igual.

El *nuevo mono*, no. El *nuevo mono* sí ha aprendido y actúa de forma diferente.

¿***Y si***... en lugar de bordear el cuerno de África, navegamos hacia el este? ¿No deberíamos llegar igualmente a la India y en menos tiempo?

Así se lo planteó quizá Colón.

Lo que sucedió después, es Historia.

Sí, América, «*Las Indias*», que no la India, se descubrió por casualidad.

La casualidad de estar ahí camino de la India.

Pero no la clase de casualidad, azarosa, que te permite ganar la lotería comprando un único décimo afortunado. Colón había adquirido muchos números para que le tocara el Gordo. De hecho, llevaba las tres carabelas cargadas hasta arriba de décimos de lotería.

En creatividad, lo que le sucedió a Colón se llama **serendipia**.

Se trata de un descubrimiento o hallazgo afortunado e inesperado que se produce cuando se está buscando otra cosa distinta. Colón fue un ilustre *serendípico*, y como él ha habido muchos otros genios «afortunados» a lo largo de la historia. Todos ellos se caracterizaron por una serie de rasgos comunes. Eran personas de acción, mentes inquietas a las que el saber previamente conocido se les quedaba corto; y que tenían la sana costumbre de *despertarse* a tiempo de sus sueños para acometer su realización.

Aunque a veces esos sueños les llevaran por vericuetos inesperados. Colón quería llegar a la India... ¡Y descubrió América!

Hay un viejo chiste de los llamados *de vascos* que dice

que dos amigos de Bilbao fueron a buscar setas al campo. En un momento dado uno de los amigos llega corriendo hasta donde está el otro y le dice muy exaltado: «¡Patxi, Patxi, mira lo que he encontrado! ¡Un Rolex!».

A lo que el otro responde irritado, cogiéndole el reloj de la mano y arrojándolo lejos, entre la maleza: «Aitor, si dijimos que vinimos a setas, setas. El día que vengamos a por Rolex, cogemos Rolex».

A una persona con carácter *serendípico* esto no le pasaría nunca, porque su mente está abierta a contemplar cuantos escenarios se le pongan por delante. Sin prejuicios, sin limitaciones. A ellos la inspiración siempre les va a encontrar trabajando, y esto es lo que les permite descubrir cosas que en principio no estaban en sus planes.

Una persona *serendípica* tiene la capacidad de trabajo y la perseverancia necesarias para lograr que pasen cosas a su alrededor. Son capaces de desplegar un gran esfuerzo repetido en el tiempo. La perseverancia de Colón está más que acreditada. Todos conocemos todo lo que tuvo que porfiar hasta lograr que Isabel de Castilla financiara su proyecto. Cómo recorrió las cortes europeas en busca de un mecenas que creyera en su locura armado con sus cartas de navegación, su entusiasmo y su elocuencia.

Pero además, el *serendípico* también tiene la capacidad de observación y la intuición creativa necesarias para saber reconocer esos pequeños milagros que está provocando a su alrededor casi sin quererlo. Son personas que se cuestionan permanentemente el *statu quo*, que se cuestionan permanentemente incluso a sí mismas, que utilizan con mucha frecuencia el ***«¿y si...?»***

Hacen cosas que los demás no hacen y por esa razón los demás les llamamos «genios». Aunque también solemos decir: «era obvio». Eso sí, cuando ya otros lo han hecho.

El maestro del *management* **Peter Drucker**, hablando sobre innovación en la empresa, siempre decía: «Cuando los otros te digan que algo es obvio, pon toda tu energía en ello, porque con ello dispones de una idea de éxito».

Los *serendípicos* también poseen otro rasgo que es clave: están focalizados en un objetivo.

Lo tiene entre ceja y ceja. Ese foco en el objetivo, a veces obsesivamente, es el motor que les lleva a hacer cosas extraordinarias. En el caso de Cristóbal Colón, su obsesión era llegar a la India por el camino más corto.

El objetivo del bacteriólogo británico **Alexander Fleming**, otro de los grandes *serendípicos* que nos ha regalado la historia, era reducir la mortalidad infantil en una época —los años veinte del siglo pasado, es decir, como quien dice antes de ayer— en la que casi el 70 por ciento de los niños que nacían se morían. ¡El 70 por ciento! De infecciones normalmente.

Su gran legado, la penicilina, sin duda uno de los mayores avances médicos de todos los tiempos debido al enorme impacto que para la salud de la población tuvo en su época y en los años posteriores fue, como el descubrimiento de América, fruto de una **casualidad muy trabajada**. Casualidad que es más resultado de la sincronía profesional, creativa, que de la suerte azarosa.

En realidad, las dos grandes aportaciones de Fleming a la ciencia tuvieron mucho que ver con *accidentes* creativos, ideados desde el esfuerzo cabezón y repetitivo. Y sobre todo, con la capacidad de hacer lo que otros no hacían.

Un día, Fleming estaba trabajando en su laboratorio con unas placas de Petri, en las que había preparado un cultivo bacteriano sobre el agar-agar, cuando le sobrevino un inoportuno (aunque la humanidad al completo estará de acuerdo en que sería más adecuado calificarlo como «*oportunísimo*») estornudo. Lo que inicialmente tenía trazas de ser un pequeño desastre, pues las mucosidades del científico habían contaminado el cultivo, resultaron ser el origen de un gran descubrimiento.

El particular carácter de Fleming, extremadamente curioso, aunque algo desordenado también, le llevó a no hacer lo que habría hecho el 99 por ciento de los científicos en su situación: arrojar por el desagüe el cultivo arruinado y comenzar a trabajar en uno nuevo. Él, sin embargo, lo conservó durante unos días, y cuando volvió a examinarlo se percató de que había sucedido algo sorprendente. Las bacterias del cultivo habían sido destruidas exactamente en la zona en la que habían aterrizado las gotas de su estornudo. Perseverando en aquel hallazgo casual, siguió experimentando con nuevos fluidos y sustancias procedentes del cuerpo humano como saliva o sangre. El resultado siempre era el mismo: la lisis (muerte de las bacterias) en los lugares donde había gotas de líquidos corporales de personas u otros animales. Fue así cómo descubrió la base de nuestro sistema inmunitario: una encima natural antibacteriana llamada lisozima, que está presente en el cuerpo humano proporcionando una defensa natural del organismo frente a los agentes patógenos. En ese momento a la lisozima se le conoció con el nombre de muramidasa. Es una encima bacteriostática. Es decir, rompe la pared de la bacteria y la hace morir.

¡Fantástico estornudo el de Fleming!

Pero sobre todo, qué bien aprovechado por el científico.

Fleming fue todavía más trascendente, si cabe, hasta el punto de que millones de personas le debemos la vida. Tras una etapa trabajando en París, Fleming volvió a la que había sido su casa, el hospital de St. Mary, en Londres. Con él viajaron, almacenadas en baúles, más de 4.000 placas Petri, acumuladas durante años de experimentos, y que le valieron, junto a otras muchas peculiaridades, ganarse cierta fama de «excéntrico». El motivo: esas placas Petri que Fleming acumulaba no tenían ni una sola bacteria. Eran placas de agar-agar sin más... Eran placas, que al salir de la estufa de calor, no tenían ni una sola bacteria, por lo que todos los científicos solían lavarlas y volver a cultivarlas. Fleming, no. Fleming las guardaba.

En septiembre de 1928 se encontraba en su nuevo laboratorio, intentando poner algo de orden en aquel maremágnum de material, cuando encontró, observando en una de sus placas guardadas con su lupa binocular, lo que a simple vista parecía un pelo. Lo extrajo y guardó. Más tarde, observó otra placa Petri de las que tenía guardadas y volvió a encontrar el mismo pelo. Y así una y otra vez, miles de veces... Una y otra vez, observando siempre el mismo pelo que iba extrayendo de todas esas placas que había tenido guardadas tanto tiempo y por las que le habían tachado sus colegas de «*locatis*».

Al examinar más detenidamente aquel cuerpo extraño, parecido a un pelo humano, a través de un microscopio, comprobó que se trataba de un hongo filiforme llamado *Penicillium notarum*.

Se preguntó: ¿Y si... este pelo (hongo) es el responsable de que estas placas Petri no tengan bacterias? ¿Y si... tiene el poder de destruirlas?

¿Y si... este hongo, al contaminar las placas y cuando las sometemos a calor, produce alguna sustancia que las liquida?

¿Y si... tenemos ante nuestros ojos un bactericida natural?

Fue para él realmente asombroso constatar que las

bacterias que estaban situadas alrededor del hongo, tras ponerlas al calor durante un determinado tiempo, habían muerto por efecto de éste. Es decir, aquel hongo, al estar a una determinada temperatura, soltaba una sustancia, que se llamó por el nombre del hongo, penicilina, que tenía poderosos efectos antibacterianos. Él mismo se dio cuenta inmediatamente de que estaba ante un hallazgo de enormes proporciones.

Cuando tiempo después Alexander Fleming fue a recoger el título de sir que la corona inglesa le concedió en reconocimiento a su gran aportación científica, al subir al estrado, al comienzo de su discurso aseguró que él no merecía tal distinción porque, en realidad, no había descubierto nada que no estuviera ya inventado.

Que lo único que él había hecho, dijo, había sido «*observar la realidad de un modo desacostumbrado*».

Por eso debemos a Fleming no sólo el descubrimiento del primer antibiótico, sino también quizá la mejor definición de creatividad conocida.

A mí se me ocurre completarla así:

Creatividad es la capacidad humana, con mucho esfuerzo, de observar la realidad de una manera desacostumbrada, accionando un nuevo modelo de hacer algo.

Fleming y Colón, entre muchos otros, ya albergaban un *proto*-cerebro de *nuevo mono.*

9. LOS CINCO ELEMENTOS

> Si no estás cometiendo errores, quizá es que no los estás haciendo.
>
> Nota de autor

Tanto Cristóbal Colón como Fleming, en los ejemplos que hemos compartido, como tantos otros personajes conocidos a lo largo de la historia, tenían algo muy claro: un objetivo determinado, o foco, que perseguir. Se cuestionaban con perseverancia el *statu quo* de las cosas, eran generadores de múltiples alternativas, con un alto conocimiento de aquello a lo que se dedicaban, pero poniéndolo en entredicho, aprendían de todo, siempre... Disponían de todos los elementos necesarios para cultivar el PENSAMIENTO CREATIVO.

Cuando tenía doce años, al ingeniero francés experto en microscopía electrónica **Georges de Mestral** le gustaba salir a pasear por el campo con su perro. Solía atravesar un terreno en el que abundaba un tipo de planta, el *actium*, vulgarmente conocida como cardo borriquero, cuyas semillas se adherían constantemente a su ropa y al espeso pelaje de su mascota. Para cualquier otra persona esta circunstancia no habría pasado de ser una anécdota, la pequeña incomodidad de tener que quitar esas molestas bolitas de los calcetines una a una al terminar el paseo. Esto, respetado lector, seguro que te ha pasado a ti alguna vez en tu vida. Pero no para el joven De Mestral. Él se planteaba por qué con esa planta pasaba eso, pero no con las otras de alrededor...

De Mestral se hacía una pregunta absolutamente decisiva y mágica (que más tarde veremos en el capítulo de técnicas creativas, que se trata de una manera muy atractiva y muy utilizada, desde Nespresso a Starbucks, para la localización de focos de interés). La pregunta era:

¿Qué tiene que no tenga?

A él le picaba, más que la pierna, la curiosidad... por lo que decidió someter aquellas pegajosas semillas a un examen de microscopía electrónica. Y al hacerlo, descubrió que la razón por la cual se adherían a los tejidos con tanta persistencia era por la presencia, en su microestructura, de unos filamentos entrelazados rematados en unos diminutos ganchitos. Así empezó todo.

En 1941 George de Mestral patentó el velcro a partir de ese hallazgo, fundó su propia compañía y se convirtió en millonario.

Perteneció al club del *¿y si...?*

Esa pregunta que ha permitido evolucionar a los humanos. Se la preguntaron los primeros homínidos, cuando se pusieron a frotar un palo contra la madera seca y descubrieron que así eran capaces de generar por sí mismos esas hermosas y cálidas lenguas rojas bailantes que de cuando en cuando el rayo de la tormenta descargaba sobre la naturaleza. Y se lo volvieron a preguntar cuando, una vez dominada la técnica de alumbrar su propio fuego, acercaron la carne que comían a sus llamas y se atrevieron a probarla después.

Del club del «¿y si...?» han formado y forman parte los grandes triunfadores de la Historia. Desde Colón a De Mestral; de Steve Jobs a Amancio Ortega. Y como le sucedía a Fleming, muchos de estos grandes pioneros no inventaron nada que no estuviera ya presente en nuestro mundo. Lo que sí hicieron fue darle un enfoque diferente. ¿Eran más inteligentes que la media? Probablemente, no. O no es lo importante. Lo que sí es seguro es que tenían una mirada más amplia. La creatividad siempre ha tenido mucho que ver con ese tipo de mirada ampliada.

En todos los casos que hemos descrito como ejemplo, y en otros muchos, da igual que hablemos de Colón o de De Mestral; de Thomas Alva Edison o de Newton, de Guy Laliberté o de Marc Zuckerberg, todos ellos pudieron desarrollar siempre su pensamiento creativo al servicio de sus ideas porque disponían *de cinco elementos clave* que todo proceso creativo requiere.

Estos **cinco elementos** son:

1. **Tener claro el objetivo**

   Ya lo hemos visto con distintos ejemplos. Tener un propósito nítidamente definido en el punto de mira es la piedra angular sobre la que se sustenta el pensamiento creativo. Porque la mente podrá saltar de una posibilidad a otra, generar nuevos caminos a partir de otros antiguos, desechar unas opciones y tomar otras, pero siempre lo hará guiada por la brújula certera de una meta clara enfocada en primerísimo plano en el visor de nuestra pantalla. Ya sea llegar a la India, reducir la mortalidad infantil o hacerse millonario vendiendo tiras adhesivas.

2. **Poseer el conocimiento necesario**
   Evidentemente, no se puede partir de cero. Hay que tener los conocimientos necesarios que exige cualquier disciplina en la que se quiera destacar mínimamente, y no digamos si se aspira a la excelencia. Alexander Fleming obtuvo sus extraordinarios descubrimientos ayudado en buena medida por su esfuerzo, pero especialmente porque era un buen microbiólogo, con amplios conocimientos para su época. Si no hubiera sido así, no habría sido capaz de interpretar, profundizar y dar sentido a esos hallazgos que su mirada diferente puso ante sus ojos expertos.

3. **Cuestionarse el *statu quo***
   Hay que dudar. Dudar por sistema. Dudar por puras ganas de incordiar si fuese necesario. El pensamiento creativo cuestiona la costumbre, cuestiona la innovación. Lo cuestiona todo y no deja títere con cabeza. ¿Por qué tenemos que navegar pegados a la costa? ¿Por qué debemos comer únicamente de los pastos que crecen a ras de suelo? ¿Por qué se va a estropear la carne cruda por aproximarla al fuego? Una persona creativa se formula cientos de preguntas al cabo del día, y cuando está segura de que la respuesta a alguna de ellas es afirmativa, automáti-

camente se sitúa en la casilla del «No» para volver a formulársela, a ver si ese «Sí» inicial sigue aguantando el tipo.

En la pregunta está el mayor secreto del pensamiento creativo. En aprender a preguntar, así como en hacer buenos listados de ideas, consisten la mayor parte de las técnicas de creatividad.

4. Perseverancia

Los resultados del proceso creativo surgen a través del esfuerzo repetido en el tiempo. La persona creativa no es ese iluminado que dormita durante gran parte del día y sólo sale de su letargo para alumbrar una idea genial que dejará a todos boquiabiertos. El verdadero creativo es un currante nato. Un Picasso que se cuidará muy mucho de que la inspiración no le pille sesteando. Hay que iterar, hay que probar y equivocarse lo antes posible. Y volver a intentarlo. Porque el que no prueba y no se equivoca, no aprende, no desarrolla nada nuevo, no se diferencia.

Eso sí, no vale cualquier error ni repetir siempre los mismos. Los errores están para aprender, no para ser ensayados.

El error del experto es, de entrada, mucho más productivo.

Hasta que llegó a su primera versión viable de la bombilla, que estuvo hasta ocho meses encendida sin fundirse, Edison ensayó con la friolera de más de 1.000 prototipos de bombilla. Cuando no era el exceso de calor, era la calidad del vidrio, el filamento que se quemaba o la falta de vacío, pero el caso es que no terminaban de funcionar, de mantenerse encendidas sin romperse mucho tiempo. Cuando le preguntaron cómo esperaba pasar a la historia, respondió que como la única persona del mundo que sabía más de mil maneras diferentes de fabricar una bombilla que con total seguridad no funcionaría.

5. **Generar múltiples alternativas**

Las personas más inteligentes tienen la capacidad de generar no una ni dos, sino múltiples alternativas ante una misma situación dada. Después habrá que someter cada una de ellas a una evaluación pausada de su viabilidad, pero de pronto, el ser creativo será capaz de sacar de su chistera creativa, veremos cómo, varias alternativas. De esta manera, abre el abanico de opciones, saliendo de la tiranía de la solución única a la que suelen conducir los caminos trillados y las ideas preconcebidas.

Ser creativo es tener la capacidad de poder encontrar muchas formas, las máximas posibles, de dar solución a una determinada situación o problema, que en creatividad llamaremos ***foco***.

UN CAMBIO EN LA MIRADA

Algunas de las compañías que han triunfado en los últimos años lo han hecho, precisamente, gracias a que han sabido cambiar el ángulo de su mirada. Son empresas cuyo principal mérito ha sido saber detenerse un momento a observar la realidad sin la pesada losa de los dogmas establecidos acerca de lo que debe ser un negocio. Han sido lo bastante valientes para librarse de ataduras y atreverse a considerar otras opciones que no estaban en el manual.

Se han preguntado: ***¿y si...?***

Que el lector opine sobre Airbnb, Bla Bla Car, Booking, El Circo del Sol, Spotify, PayPal, Amazon, Alibaba, Tesla, Uber...

Lo mejor de todo es que muchas de estas empresas no deben su éxito al hecho de que hayan inventado ninguna tecnología revolucionaria ni sacado al mercado ningún producto nunca antes visto. La tecnología, la digitalización, en muchos de estos casos conocidos de éxito, ha sido más el acelerador para dar buenos resultados, accediendo más fácilmente al mercado y con menos costes, haciendo más rápidamente rentable el negocio, que el propio punto central del éxito. El núcleo de su aportación al mercado ya estaba ahí, existía desde hace muchos años. Sólo que ellas han sabido darle un giro inusual para crear así una propuesta de valor diferenciada y ganadora.

A veces se trata de algo tan sencillo como hibridar dos ideas ya existentes y plenamente establecidas. Hace una década si alguien me hubiera preguntado si estaría dispuesto a pagar 4 euros por tomarme un café en una cafetería le habría tildado de loco. Hoy, sin embargo, son millones en todo el mundo (entre los que me incluyo), los que pagamos eso, y a veces más, y gustosamente, antes de salir de un Starbucks. En sus orígenes, esta cadena distaba mucho de los lugares acogedores y de diseño vanguardista que conocemos hoy. La empresa arrancó en 1971 con un primer local situado en el famoso Pike Place Market de Seattle. En aquella época, los Starbucks eran unas cafeterías convencionales que, en un momento dado, pasaron por serias dificultades económicas.

Fue a partir de los años ochenta, al incorporarse al proyecto **Howard Schultz**, cuando la compañía inició el giro que la convertiría en un fenómeno empresarial de dimensiones globales.

Años antes, Schultz había realizado un viaje a Italia donde había quedado prendado de las cafeterías locales tradicionales. Se dio cuenta de que en aquellos modestos pero acogedores negocios familiares, tomar café se convertía en algo más que un mero acto de consumo apresurado.

Que allí los clientes hacían algo más que meterse de un trago un chute de cafeína antes de salir disparados hacia su siguiente reunión. En aquellas cafeterías italianas, en las que *la mamma*, ataviada con un delantal, salía a servirte en persona tu taza de *capuccino* o de *expresso,* tomar café era una experiencia casi de carácter familiar. Los clientes no salían pitando sin decir adiós, sino que se demoraban charlando tranquilamente o leyendo el periódico mientras degustaban su consumición. Se dio cuenta de que en aquellas cafeterías italianas, los clientes se sentían como en su propia casa. Se preguntó: ¿Qué tienen aquellas cafeterías italianas que parecen el salón de mi casa, que no tengan mis cafeterías en Seattle?

En 1987, cuando Schultz consiguió hacerse cargo de Starbucks, tuvo la oportunidad de trasladar sus ideas a un nuevo concepto de proyecto de hostelería. De esta manera, Starbucks se convirtió en lo que es hoy: por un lado, una gran cadena de alcance global con la fiabilidad y los estándares de calidad propios de una marca consolidada y una rica oferta de productos propios; y, por otro, el encanto familiar de una cafetería de barrio. Un lugar de encuentro en el que es posible tomarse un café sin prisas, escuchando una música agradable, sentado en un confortable sofá mientras trabajas o navegas por internet con tu tableta o portátil gracias al wifi del local.

La canadiense Circo del Sol es otra de estas compañías que supo reinventarse a partir de un concepto ya existente, pero que estaba quedándose obsoleto. Tras siglos de actividad basada en los mismos preceptos, el circo tradicional empezó a entrar en crisis a partir de los años noventa. Aquellas compañías ambulantes, con cierto romanticismo pero, al mismo tiempo, con un poso de decadencia y hasta de cierta sordidez, comenzaron a perder encanto y tirón entre los espectadores más jóvenes. Ese retroceso en los gustos del público tuvo un impacto económico negativo que, a su vez, repercutió en unos montajes cada vez más modestos y rudimentarios (por no decir «cutres»), lo que agravó la crisis del sector.

Al mismo tiempo, la sociedad iba evolucionando y en los nuevos valores instaurados cada vez tenían menor cabida algunas prácticas circenses tradicionales. La sensibilidad hacia los derechos de los animales iba ganando terreno en la sociedad, y los animalistas vieron cómo las denuncias que desde siempre habían realizado contra el trato que leones, elefantes, caballos y demás animales recibían en el circo, ya no caían en saco roto. También algunos de los números de los payasos, que muchas veces basaban el éxito del gag en la humillación de alguno de los personajes, comenzaron a ser cuestionados desde el punto de vista didáctico por el ejemplo pernicioso que podían dejar en los niños.

Los responsables de El Circo del Sol tuvieron la habilidad de ser permeables a todos estos cambios, sutiles y paulatinos, pero imparables. Se dieron cuenta de que, si querían seguir dedicándose a la profesión que amaban, debían imprimirle un giro significativo. No todo estaba perdido. Había muchas cosas del circo que seguían encandilando a públicos de todas las edades. Que la emoción de un buen número de trapecistas o de acróbatas seguía cortando la respiración de una heterogeneidad de audiencias. Que el público seguía apreciando la calidad de un buen espectáculo y, sobre todo, su belleza. Prueba de ello era que, mientras que el circo tradicional moría lentamente, los grandes montajes teatrales y musicales seguían llenando teatros de todo el mundo, desde Broadway hasta La Gran Vía madrileña. Fue entonces cuando se hicieron la pregunta. ¿Qué sucedería si eliminaban de la ecuación todo lo cutre y lo anticuado del circo y lo reemplazaban por la belleza y la grandiosidad del mejor teatro? ¿Y si tomamos lo mejor de ambos mundos y los unimos en un nuevo concepto renovador de ambos? ¿Qué tienen esos teatros y musicales en Broadway que no tenga el circo? El resto, es historia.

Airbnb es un *marketplace* para publicar, descubrir y reservar viviendas privadas. El nombre es un acrónimo de *airbed and breakfast* (colchón inflable y desayuno). Airbnb cubre en estos momentos unos 2.500.000 de propiedades en 192 países y 33.000 ciudades. Más de 150.000 reservas al día. ¿Lo hace Hilton? Desde su creación en noviembre de 2008 hasta junio de 2012, se realizaron 15 millones de reservas. ¿Y qué tiene como producto? ¿Tu casa o la casa de tu vecino?

Uno de los modelos de negocio más potentes, que consigue convertir lo intangible en tangible.

Empresa fundada por **Brian Chesky**, **Joe Gebbia** y **Nathan Blecharczyk** en 2008, que ha revolucionado el sector de los hoteles tradicionales. Airbnb es la historia de nuevas soluciones, innovadoras, a problemas de siempre.

Airbnb empezó su andadura en octubre de 2007 cuando el alquiler del apartamento en el que vivían Brian y Joe, estudiantes de diseño en San Francisco, subió un 25 por ciento de la noche a la mañana.

«Vimos que el fin de semana siguiente había una conferencia en la ciudad y decidimos crear una plataforma para que los asistentes tuviesen una alternativa barata a los hoteles», recuerda Blecharczyk. De esta forma podrían ganar unos dólares para pagar su apartamento. De hecho, ellos mismos alquilaron camas hinchables en el poco espacio libre que tenían en su apartamento. De ahí el nombre del proyecto, llamado Airbed&Breakfast, cama de aire y desayuno. En tan sólo tres días, ganaron 1.000 dólares e hicieron nuevas amistades.

Al principio la web era un simple directorio de habitaciones y apartamentos, pero pronto se dieron cuenta de que la clave para que la iniciativa saliese adelante era la seguridad y la confianza entre huéspedes y anfitriones. Con la finalidad de facilitar el proceso de reserva crearon una nueva plataforma que sólo requería tres *clicks* para encontrar una habitación.

Toda *startup,* en la nueva *BETAlandia,* necesita tres elementos fundamentales para poder sobrevivir: una rápida notoriedad, alta tracción, lo que siempre se llamó «tráfico y conversión» con el fin de alcanzar los objetivos comerciales, y financiación. Algo que no es nuevo. Cualquier emprendedor de los viejos simios ya lo sabía. Ya lo vivió en su propia piel. Los *nuevos monos* saben que esto es algo que no ha cambiado. Pero también saben lo que sí ha cambiado: el modo de acceder a ello.

Airbnb no tenía ninguna de estas tres características que describimos solucionada en sus inicios, pero sus tres fundadores buscaron formas innovadoras, típicas del nuevo ciudadano *BETA*, para alcanzarlas de una forma rápida.

«Una de ellas fue aprovechar la convención del partido demócrata que tuvo lugar en el verano de 2008 y en la que Barack Obama fue escogido como candidato a la presidencia —afirma Nathan—. Había mucha gente de la ciudad que quería irse de ésta para evitar aglomeraciones y muchos de fuera que querían venir a vivir este momento histórico.»

Aprovecharon el tirón para lanzar la nueva web y ofrecer a todos los visitantes una forma barata y diferente de encontrar alojamiento.

El lanzamiento fue un éxito y la iniciativa les llevó a aparecer en noticias a nivel nacional e internacional. Airbnb empezaba a multiplicar de forma exponencial sus resultados de negocio, de notoriedad, de financiación, y a convertirse en un nuevo modelo de negocio de éxito.

Según Forbes la fortuna de cada uno de sus fundadores, de cada uno de estos *nuevos monos*, ocho años después, ronda los 3.000 millones de dólares. Aun así, no es para mí importante destacar aquí, en este manuscrito, el potencial financiero ni la riqueza de estos ciudadanos *BETA*, sino hablar de esta nueva forma de pensamiento, de crear, de ver donde otros no vemos, de cambiar la mirada en búsqueda de nuevas soluciones ante viejos problemas.

Otra historia, sin necesidad de visitar Silicon Valley, es la de unos jóvenes ciudadanos *BETA* de Elche. Es la historia de las gafas de sol **Hawkers** que hoy se venden en más de 140 países.

No hablan de sí mismos como una firma de complementos de moda (¿quién lo diría?), sino como expertos en internet y medios sociales capaces de vender cualquier cosa que se propongan.

Pablo Sánchez, **David Moreno, Iñaki Soriano y Alejandro Moreno** son los socios fundadores. Cuatro jóvenes que no pasan de los treinta años.

En el año 2011, los cuatro fundadores coincidieron en el programa **Yuzz** de la Fundación Banesto, «un vivero tecnológico de grandes ideas», como se autodefine el proyecto en su web.

Juntos crearon una plataforma de comercio electrónico. Su idea era simplificar el proceso de venta orientado a los complementos de moda, y hacerlo más atractivo. Además de utilizar de una manera diferente las redes sociales y los modelos de promoción. «Creíamos que los pocos que optaban por la funcionalidad sacrificaban el aspecto visual. Nosotros pensábamos que se podía hacer de una forma simple y bonita», afirma David Moreno en una entrevista a IPMark.

Al principio, crearon una plataforma de venta de artículos de segunda mano, que llamaron **Saldum**, a la vez que desarrollaban para terceros plataformas de venta *online*. Pablo Sánchez lo recuerda así:

«Empezamos a hacer e-commerce para otras marcas porque no teníamos recursos. Iñaki y yo éramos estudiantes, David estaba trabajando como *freelance* y Alex... viviendo un poco la vida. Nos dimos cuenta de que teníamos un desarrollo de producto tecnológicamente bueno, pero no podíamos darle difusión. Decidimos alquilar nuestro equipo a otras empresas y con el dinero que conseguíamos poner en marcha nuestros proyectos, porque no queríamos pedir financiación. Todo lo que ganamos lo reinvertimos para crecer.»

Dos años después decidieron que había llegado el momento de distribuir sus propios productos.

Empezaron con las gafas de sol **Knockaround**, una marca popular en California, de las que, con una inversión inicial de 300 euros, adquirieron 27 pares a título particular. Tras pedidos cada vez más voluminosos y frecuentes, se plantaron personalmente en la sede de la compañía en San Diego (California, Estados Unidos) y les convencieron para convertirse en sus distribuidores oficiales en Europa.

La ruptura con Knockaround llegó más tarde. En la entrevista concedida a IPMark lo contaban así:

«Nosotros no queríamos dejarlo, pero ellos se enfadaron cuando empezamos a abordar con **Hawkers** el mercado estadounidense. Les dolió que fuéramos a California y patrocinásemos a Los Ángeles Lakers. Literalmente nos dijeron que habíamos ido a su casa a mearnos en su jardín», cuenta Pablo Sánchez. Y David Moreno añade: «El problema es que no reconocían nuestro trabajo, al menos no le daban el valor que nosotros pensábamos que tenía, y atribuían el éxito de ventas al poder de su marca y de su producto. Y se ha demostrado que no es así, porque después lo han intentado sin nosotros y no han conseguido el mismo resultado».

Repito parte del texto:

«... lo han intentado sin nosotros y no han conseguido el mismo resultado», dicen... ¡Así es!

NO se trata de hacerlo, se trata de hacerlo de una determinada manera. Ellos mismos en el texto de arriba nos dan la solución: el resultado del éxito no está en el producto, ni siquiera en la marca, sino en el proceso de venta, en el modo de hacer negocio, de relacionarse con los clientes, de hablarles de una forma que para el nuevo ciudadano *BETA* es más atractiva. No es el producto lo que vende. Es la forma en la que me comunico con el cliente. Esto ha cambiado.

Han sido capaces de crear una marca, Hawkers, de la nada, en poco tiempo, como ya hizo Airbnb, o tantos otros, sabiendo que ahí no reside el secreto.

No se trata de penetrar en el mercado y crecer a través de hacer grande la marca o de crear una propuesta de valor con unos atributos únicos y sostenibles en el tiempo, se trata de crear un proceso de relación con el mercado diferente y una forma de comunicación con el cliente única.

Lo han hecho a través de utilizar famosos, como el piloto de MotoGP Jorge Lorenzo, el tenista Verdasco o la actriz Paula Echevarría, entre otros... pero de una forma diferenciada. Famosos para vender productos cuyo coste al consumidor final no pasan de los 30 euros de media. Prestigio, confianza, calidad, al mejor precio.

Competitividad en el modelo, no en el producto ni en los servicios adicionales.

Todos ellos son expertos en marketing digital, en publicidad a través de la red de internet, en encontrar sus públicos objetivos de una forma sencilla, a bajo coste y con alto nivel de rentabilidad. Y en relacionarse con ellos como si de un club de conocidos se tratase.

Han cambiado el escaparate de la óptica, aunque sea la de moda, por Facebook y Google. Y desde ahí han conseguido colaborar con empresas como Mercedes, BBVA, PayPal, Samsung, entre otras...

Su modelo es totalmente colaborativo, en la red o en presencial.

Utilizan la inteligencia conectiva para sacar el máximo partido en la explotación del negocio.

Su nuevo socio, siguiendo este modelo colaborativo, es Inditex. Ya se pueden comprar sus gafas en las tiendas del grupo. Han vendido un 20 por ciento de sus acciones y las ventas del grupo este año (2017) superarán los 80 millones de euros...

Cinco elementos que dominan muy bien estos *nuevos monos.*

Son expertos en lo que hacen, ya sea el marketing digital o el alquiler de pisos, se cuestionan los viejos modelos, tienen objetivos claros y concretos, son perseverantes y capaces de crear múltiples alternativas para hacer que sus negocios avancen a la velocidad exponencial que los nuevos mercados exigen.

Así es el *nuevo mono*.

Otro de los empresarios, ya más *viejuno* pero con mente de *nuevo mono*, es Diego Della Valle, el fundador de Tod's. Él lo tiene claro.

Así lo afirma, como titular destacado en una entrevista a *Forbes*:

«La realidad del mundo empresarial es que en este presente veloz, si no eres disruptor, serás disrupcionado...».

10. LA *ECUACIÓN* CREATIVA; UN *MOTOR* MODELO *BETA*

La mente creativa es un regalo sagrado, y la mente racional es un fiel sirviente. Hemos creado una sociedad que honra al sirviente y se olvida del regalo.

ALBERT EINSTEIN

Quiero empezar este capítulo de forma directa, por algo muy sencillo de entender, por lo que me gustaría que *te llevaras* de él: la ecuación fundamental del pensamiento creativo (Pc), el motor que mueve la mente del ciudadano *BETA*.

$$\mathrm{Pc} = \mathrm{C} \times \mathrm{i} \times \mathrm{E}$$

Aun así, siendo tú lo más importante para este autor, quiero decirte que, sólo bajo un objetivo pedagógico, voy a «*engañarte*» un poco para que realmente así puedas aprender las bases fundamentales de un modo lateral de pensar. Pronto te descubriré, con una pregunta de matemáticas, dónde reside mi pequeño engaño.

Este capítulo del manuscrito que sostienes entre tus manos será corto. Muy corto. No necesita más. Poca información... porque la gran clave de casi todo lo que quiero expresar en todo el libro está aquí recogida.

Volvamos a la ecuación...

Pc, el pensamiento creativo, es igual a la multiplicación de tres factores: Conocimiento (C), Imaginación (i) y Evaluación (E).

Todos, llegados a este punto, sabemos la importancia que tiene el conocimiento sobre algo para poder ser creativo. Pura biología: Un cerebro que no conoce algo no puede tener ideas sobre ello. Puede tener una genialidad, una idea «eureka», pero la creatividad es otra cosa... como ya estamos viendo.

Cuando la imaginación encuentra el conocimiento en su camino se hace la luz. Imaginar, capacidad sólo humana, nos da el *poder* de traer el futuro al presente. Y también de aprender del pasado, de lo sucedido. A la vez que poder empatizar con el presente activo. Gracias a la imaginación podemos viajar al futuro, mejorar el pasado y comprender el presente.

Cuando la imaginación cuestiona el conocimiento, se produce una explosión de nuevas posibilidades, de nuevas alternativas, ante una determinada forma de ver algo. Cambia la mirada. La imaginación nos ayuda a crear puntos de vista diferentes de los habituales, a poder salir de lo obvio. Por eso decimos en creatividad que si *sometemos* el conocimiento a la imaginación se produce un efecto DIVERGENTE.

C × i = PENSAMIENTO DIVERGENTE

El pensamiento divergente es necesario dentro del proceso creativo, porque nos permitirá crear listados, sin necesidad de juicio, válidos o no, generadores de múltiples opciones de solución a un problema o formas varias de enfrentarnos a una determinada situación.

Es la primera fase, el punto de partida. Es el principio de todo. Es el arranque. Sin ello, podríamos tener una idea genial ante algo, pero resultado de una buena intuición, no de una forma de pensar lateral.

Es la fase del ¿Y si...?

¿Y si una moto tuviera 3 ruedas? (Caso motos BMW).
¿Y si vendiésemos café sin la distribución? (Caso Nespresso).
¿Y si un circo no tuviera animales? (Caso El Circo del Sol).
¿Y si vendiésemos habitaciones de hotel de forma...? (caso Booking).
¿Y si...?

Todas las ideas son permitidas en el inicio. No se juzgan. No tiene sentido hacerlo. No todavía...

Se trata de listados y listados, cuantos más mejor, de múltiples posibilidades de solución ante algo.

En creatividad, la cantidad es productiva. Por eso la creatividad necesita de técnicas, pero también de esfuerzo.

La creatividad cansa.

Eso sí, somos conscientes de que todos los elementos que aparecerán en nuestro listado de ideas divergentes no podrán tener éxito.

Por eso necesitamos que aparezca la EVALUACIÓN (E).

(LISTADO DIVERGENTE) × E = PENSAMIENTO CONVERGENTE

La evaluación nos permitirá concretar, gracias a nuestras herramientas de validación, qué nos es útil y qué no. Deberemos desechar, o guardar para otro momento en un *cajón de ideas* para el futuro, aquello que ahora no pasa el listón del *juicio*. Es decir, no todo es válido. Aprender a quitar lo que sobra en creatividad, como en tantas otras cosas en la vida, es un arte, un acto de sabiduría. Es, a menudo, lo más difícil.

Las ideas que resulten de la CONVERGENCIA CREATIVA son las que se aprovecharán y llevarán a los procesos de innovación.

Es decir:

Pc = momento DIVERGENTE * momento CONVERGENTE

Llegó el momento de resolver el engaño.

Clave para entender definitivamente el PROCESO CREATIVO, del que hablaremos con más profundidad en el siguiente capítulo.

Lo haremos a través de la resolución de una pregunta.

Durante toda mi explicación hasta ahora, he hablado del pensamiento creativo como una ecuación matemática.

¡Y NO LO ES!

Querido lector, ¿por qué no se trata una ecuación matemática?

¿Lo sabes?

He ahí el tótem de todo... la cuestión querido «*Watson*»...

Solución: porque si fuese una cuestión matemática el orden del producto no alteraría el resultado.

Es decir, 3 por 4 por 7, es igual a 7 por 3 por 4 o 4 por 3 por 7.

¡Aquí no es así! En el caso del pensamiento creativo, no.

Si adelantamos el juicio, el resultado será diferente.

No se puede decir que Pc = E × i × C. No es válido. Ni Pc = i × E × C...

Al adelantar el juicio, ya no hay listado divergente que valga.

Al adelantar el juicio, la creatividad desaparece. Aparece el llamado pensamiento enjuiciativo, también llamado racional o lógico.

Pero el pensamiento lateral queda apartado. Fuera de juego.

Por lo tanto, NO SE TRATA DE UNA ECUACIÓN.

Sino de una RELACIÓN MATEMÁTICA. En la que una variable es dependiente de la anterior. Donde las diferentes variables tienen un determinado orden. Y no otro. Primero siempre es «C». Después «i» y finalmente aplicaremos el juicio, evaluaremos las posibles alternativas, «e». Pero al final, no antes. Porque si no, nos «cargaremos» la creatividad.

Es decir, el PENSAMIENTO CREATIVO es una relación matemática, es un PROCESO.

Pc → C × i × E

Aunque biológicamente no sea muy correcto esta forma de explicarlo, permíteme, para ponerlo fácil, que te lo explique así: los humanos disponemos de dos tipos de pensamientos, uno enjuiciativo, al que vivimos enchufados de forma cotidiana, que nos permite vivir racionalmente sin mucho gasto de energía.

Y otro tipo de pensamiento, llamado PENSAMIENTO LATERAL, o creativo, que nos permite APLAZAR EL JUICIO y dar rienda suelta a nuestra imaginación a través de sacar el mayor partido al conocimiento de que disponemos.

El secreto no es NO TENER JUICIO, como tanto botarate o gurú de pacotilla que predica por ahí, sino aprender a APLAZARLO EN EL TIEMPO.

Tener juicio, evaluar, es necesario para poder ser creativo e innovador.

Una cosa es la invención, también necesaria, y otra la innovación, que tiene que encontrar un público, un mercado.

Aprender que cada cosa tiene su tiempo, su momento, es fundamental también en creatividad.

El *nuevo mono* sabe tomarse su tiempo para cada cosa. Para divergir ideas y para convergerlas en resultados.

La mente creativa es un regalo sagrado, nos enseñaba Einstein.

¡Qué razón tenía!

No te olvides de este regalo...

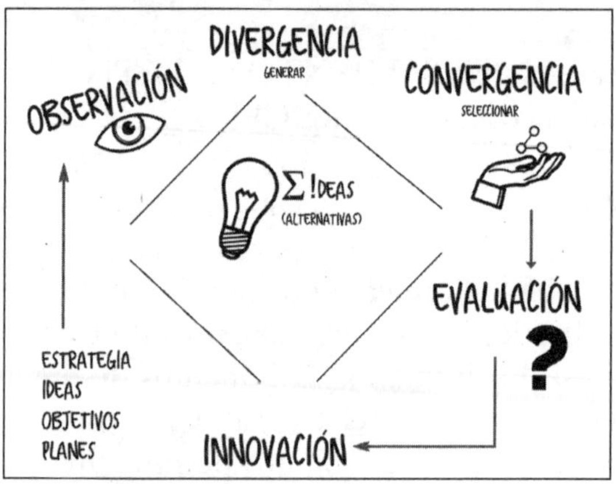

Fuente: Fernando Botella

11. ¡TÚ! (... SÍ, TÚ) ... ERES UN *MONO* CREATIVO

El cambio que esperas en ti,
no te llegará
por combustión espontánea.
Tú necesitas encenderte primero.

Nota de autor

Repítelo: ¡NO es imposible, es sólo DIFÍCIL!
Hazlo tuyo, como si de un mantra se tratase.

Insisto, perdón por ello:
No digas que algo es imposible.
Di mejor que tan sólo es difícil.

Nos ponemos muchos límites a nosotros mismos, convirtiéndolos, algunas veces, hasta en algo patológico. Quizá el más peligroso de los límites es el límite definitivo, el que no tiene vuelta atrás. Cuando zanjamos la cuestión diciendo que algo es, directamente, imposible. Y a lo mejor lo es, por supuesto que hay cosas que están fuera de nuestro alcance (que yo gane un partido de tenis jugando contra Rafael Nadal).

No deberíamos confundir el conocer la realidad de nuestros límites, nuestra geografía de límites, de la que ya hemos hablado en capítulos anteriores, con ponernos límites ficticios, límites que estén dentro de nuestras posibilidades de actuación, de cambio, de aprendizaje y mejora. ¡Son dos cosas bien distintas!

En el primer caso se trata de un estado de optimismo inteligente.

En el segundo de bloqueos e inmovilidad. Son falsos, son *seudolímites.*

El *nuevo mono* sabe destruir estos límites y entenderse, sin sufrir, con sus verdaderos límites temporales.

Los *seudolímites* nacen de juicios prematuros y son totalmente gratuitos. Tienen su origen siempre en alguno de estos tres elementos: del miedo, del dogma o de la autocomplacencia. Tres claves de las que hablé con mucho detalle en mi libro anterior *El factor H.*

Con frecuencia, nos damos por vencidos sin haber sopesado bien nuestras opciones. Al decir que algo es imposible de una manera tan categórica, automáticamente nuestro cerebro deja de pensar en ello. Lo aparta de su interés. Es como una compuerta que se cierra. Se deslizan las vigas, se traban los goznes, se sellan las aberturas y ya no hay manera de que pase nada por allí. Todas esas alternativas que están ahí fuera, esperándonos, quedan, desde ese instante fatídico, fuera de nuestro alcance.

Para salir de esta situación, muchos profesores, padres, gurús del momento, *coaches*, etc., tratan de convencernos con la siguiente sentencia recurrente: «Hay que saber salir de la zona de confort». No estoy tan de acuerdo con ello. Dentro de la *zona de confort*, a mí me gusta más llamarla *caja de comodidad*, pero eso es manía del autor, se puede ser muy creativo y generar muchas opciones de mejora y crecimiento, como ya nos demostrará **Johari** con su famosa *ventana.*

Es muy posible, lector, que tu nivel de inglés sea razonablemente bueno. Que te defiendas bien en este idioma. Que sepas que sabes inglés, al menos para defenderte en tu trabajo y relaciones personales con personas de otros países. Cuando hablas inglés te encuentras en tu *zona de confort*. Estás cómodo; quizá menos que con tu castellano del alma, pero suficientemente cómodo como para no sufrir mucho. Quédate con esta idea: «Sabes que sabes inglés». En esta zona puedes seguir aprendiendo mucho más inglés. Creciendo. Mejorando. También eres consciente de esto...

Al mismo tiempo, tal vez, querido lector, es muy probable, a riesgo de equivocarme con algun@ de vostr@s, que no sepas chino. Y aunque seas vagamente consciente de que el chino es un idioma pujante y con cada vez mayor presencia fuera de las fronteras del gigante asiático, gracias a la imparable apertura cultural, económica y poblacional del país, en realidad no saber chino no te cause demasiada angustia. Total, sabes español, te defiendes en inglés y quizá *chapurreas* el francés o el alemán, y nunca necesitarás más para desenvolverte por el mundo. Ese no conocimiento de chino como idioma, en el ejemplo que estamos utilizando, algo complaciente por tu parte, de lo que sabes que no sabes, pero te da bastante igual, también forma parte de tu *caja de comodidad.*

Es decir, en tu caja de comodidad habita lo que ***sabes que sabes*** y, se le llama *confort*. Y aun así, puedes mejorar. Y también lo que ***sabes que no sabes***. Y la verdad, te da bastante igual.

Sabemos que tenemos carencias pero no es algo que me preocupe en exceso porque las tenemos localizadas y, más o menos, bajo control. En ambos casos, ambas situaciones están bajo estado de consciencia. Somos conscientes de lo que sabemos y de lo que no.

Por otro lado, creo que deberíamos ocuparnos más, en términos de desarrollo personal y profesional, de aquello que ***no sabemos que sabemos*** y vive en nosotros como una fortaleza oculta. Y también lo que ***no sabemos que no sabemos***, un área ciega de nuestro desarrollo que nos puede estar haciendo cometer errores de forma continuada en el tiempo. Ambos estados, el de área ciega y el de fortalezas ocultas, tienen una característica común: los vivimos desde la inconsciencia.

¿***Y si*** la mejor forma de crecer, avanzar, cambiar, desarrollarnos..., fuera trabajándonos y mejorando las áreas ciegas, a la vez que descubriendo y potenciando las fortalezas que tenemos ocultas?

Uno de los principales retos a los que nos enfrentamos para ser capaces de actuar mucho más creativamente y generar múltiples alternativas potenciadoras de un nuevo futuro deseable es que sabemos muchas más cosas de las que creemos, que las sabemos sin ser conscientes de ello, sin saber que las sabemos por lo que no las aprovechamos, no las convertimos en oportunidades.

El *nuevo mono* ha aprendido a sacar a la superficie esos conocimientos ocultos. Tú también debes aprender a sacar a la superficie los conocimientos que tienes aunque nos seas consciente de ellos, tus fortalezas ocultas.

Especialmente esta: **¡TÚ ERES CREATIVO!**

Sí, sí, sí... **¡TÚ!**

Una pregunta muy directa al lector: ¿eres creativo?

Si tu respuesta es afirmativa, es que se han entendido los apartados anteriores de este capítulo.

Si tu respuesta es negativa, déjame que comparta la definición de creatividad que hace la Real Academia de la Lengua Española.

Dice así: «Capacidad humana para generar contenidos mentales», sabiendo que se refiere a «contenidos mentales» como sinónimo de ideas.

De nuevo una pregunta para ti lector: ¿Eres humano?

Porque, aunque sólo fuera por hacerle caso a la RAE, si eres humano no puedes no ser creativo.

Muchas personas creen que son poco o nada creativas. Lo afirman incluso sintiéndose orgullosos de ello... con un «que piensen otros»...

Quizá sea que tienen una imagen deformada (o incompleta) de sus propias capacidades. Tal vez porque nunca han destacado en las actividades que normalmente tenemos asociadas a la creatividad: la música, la escritura, el dibujo... O porque no son el típico miembro del grupo que destaca por su chispa y su sentido del humor. Son personas que no se ven «talentosas creativamente» en el sentido artístico de la palabra. Pero eso no son más que clichés.

La creatividad no es un don, no es un regalo que te toca o no te toca en la lotería de la genética. No va impresa en el ADN como el color de los ojos, el género o la raza. Es un proceso de trabajo al acceso de todos, que se puede aprender, que depende de técnicas, de un modo de hacer las cosas. Un hábito profesional y personal que, como cualquier otro, cuanto más se practica, más se interioriza y mejores resultados arroja. Con esto no quiero decir que no haya personas *mejor dotadas*, es decir, más talentosas que otras para pensar de una manera creativa. Las hay. No todos podemos ser Picasso.

Pero saber que en creatividad hay mucho de alquimia y de método que se puede aprender, nos la dejará a nuestro alcance de un modo más disponible. Como toda disciplina.

La creatividad, el pensamiento creativo, como casi todas las competencias y habilidades profesionales, se puede entrenar.

Existen reglas, procesos y técnicas que pueden ayudarnos a pensar creativamente.

Así que cualquiera que en este momento esté leyendo este libro puede aprender creatividad, generar múltiples ideas, romper con lo establecido, al menos desde la imaginación, y mejorar sus mecanismos de pensamiento lateral.

Tú también.

¡TÚ ERES CREATIVO!

Sí, sí, sí... **¡TÚ!**

¿O no has tenido alguna idea alguna vez? ¿O has dejado de ser humano? ¿O no se te ha ocurrido nunca añadir algo diferente a la tortilla? ¿O dibujar un esquema mientras escuchabas a alguien?...

12. EL PROCESO CREATIVO Y LAS TÉCNICAS DE CREATIVIDAD

> Lo importante de una bicicleta, igual que en el pensamiento creativo, es la cadena que nos permite movernos. El freno es sólo un mecanismo de seguridad.
>
> Edward Bono

Seguramente en alguna ocasión te habrá ocurrido que, al cometer algún error o equivocarte en algo de lo más cotidiano, tu cabeza se queda «colgada» del problema o del error durante un tiempo prudencial. No paras de darle vueltas y más vueltas. Es como si no pudieras pensar en otra cosa. No se va de la mente.

Por ejemplo, imagina que has dado al «enviar» de un correo electrónico en tu bandeja de salida de tu ordenador y, nada más «partir» el mail, te arrepientes de haberlo enviado. ¡Uf! ¿Y ahora qué?

Seguramente la situación se queda en tu mente de forma repetitiva, intentando buscar soluciones posibles a la respuesta que darás cuando te pidan explicaciones, de una forma rumiante, *masticativa*. Te ha atrapado mentalmente. Llegas a casa después del trabajo, y ahí sigue el problema, instalado en tu *coco*. Vas a la cama y te cuesta dormir, porque la situación creada con ese error sigue enganchada a tu sueño.

¿Te ha pasado alguna vez algo parecido a lo descrito en este ejemplo?

Y, sin embargo, cuando menos lo esperas, quizá viajando en coche, en el metro, en la ducha, durante una charla con amigos..., uno o dos días después, te aparece, sin hacer tú ningún esfuerzo mental, una solución a lo que te pasó. Ya sabes qué dirás a tu jefe, o a tu colega, cuando te pregunte por ese correo tuyo «tan extraño» que le llegó.

Por cierto, es probable que después de esta primera idea para solucionar aquel error, te venga una segunda, quizá de nuevo la primera renovada, mejorada, y así varias alternativas posibles. Incluso, cualesquiera de las ideas que te han llegado como *aparecidas del cielo*, cuando no lo esperabas, puede que las compartas con terceros, o vía internet, o en una biblioteca..., y que eso te ayude a mejorarlas todavía más.

¿Te ha pasado alguna vez algo parecido a esto?

Es muy común. En realidad lo que ocurrió es que se creó una situación problema, a la que en creatividad llamaremos FOCO, y se masticó todo lo posible ese foco con el objetivo de encontrar soluciones. En el proceso creativo lo conseguiremos utilizando técnicas que provoquen divergencias múltiples, y que actúen como si de un fenómeno de *masticación* se tratase. Y finalmente, cuando menos lo esperabas, te llegaron nuevas soluciones, que en creatividad, bajo el uso de ciertas técnicas, llamaremos proceso de conexión o convergencia.

Por lo tanto, todo proceso creativo tendrá estas fases:

1. Contacto, comprensión, observación y conocimiento relacionado con el FOCO (= Situación problema sobre la que actuar).

2. Masticación. Uso de técnicas que nos permitan generar las divergencias necesarias para *deslocalizar* el problema o foco de trabajo.

   El objetivo de esta fase será el de generar el mayor número de «gaps creativos posibles». Les llamaremos alternativas divergentes.
3. Fase de ideación convergente. En esta fase se trataría de conseguir el mayor listado de ideas que permitan ser *prototipadas*.
4. *Prototipación iterativa*. Es la fase de prueba y error. Unas ideas pasarán la valoración del equipo de proyecto y de los públicos objetivos. Otras no.

   Equivocarnos pronto y con poco coste hará que el proceso sea más eficiente.
5. Por último, se tratará de convertir la idea, o ideas que han superado el proceso de valoración, en *hechos* concretos. Nos referimos a «hechos» en el sentido amplio del concepto, a veces se trata de un nuevo proceso, otras veces de un producto, o de un nuevo modelo de negocio, o de una nueva forma de hacer algo...

Otros autores han reducido todo este proceso de pensamiento creativo en tan sólo tres fases, que han dado en llamar así:

1. Localización de focos.
2. Provocación de desplazamientos. Generación del «gap creativo».
3. Creación de nuevas conexiones.

En este capítulo vamos a describir brevemente en qué consiste cada una de estas fases y explicaremos algunas de las técnicas más utilizadas y efectivas para cada una de ellas. Pero, querido lector, no quiero defraudar tus expectativas. Aunque al capítulo lo hemos llamado ***«el proceso creativo y las técnicas de creatividad»***, aquí pasaremos muy de «puntillas» por todo ello. Disculpa por ello, pero tratarlo en profundidad sería motivo de otro libro dedicado exclusivamente a este tema.

Si tu interés es el de profundizar en el proceso creativo y en técnicas de creatividad, en la bibliografía te dejo algunas referencias de primer nivel sobre la materia que este humilde autor no puede superar.

Es momento de recordar la relación matemática:

$Pc \rightarrow C \times i \times E$

Si seguimos el proceso, tal como hemos descrito más arriba, se cumplirá automáticamente esta relación matemática, de forma que tendremos la oportunidad de no anticipar el juicio, de retrasar la evaluación, y así poder generar muchas divergencias sobre las que poder idear nuevas alternativas.

Generar desplazamientos consistiría fundamentalmente en aplicar nuestra imaginación desbordante a nuestro conocimiento, generando listados de ideas divergentes. Para ello, vamos a aprender alguna técnica creativa que nos facilite el poder llevarlo a cabo.

Al poder aplazar el juicio hasta el final, y en el camino crear nuevas conexiones desde el listado de divergencias, estaremos ideando posibilidades alternativas que, de no hacerlo así, habrían pasado desapercibidas, y también podremos decidir, de todas las ideas que estemos manejando, cuáles son las que conectarán mejor con la solución del problema o la satisfacción de la nueva situación.

Un ejemplo figurativo muy claro para comprender el proceso, extraído de una ponencia de mi admirado **Fernando Trías de Bes**: Imaginemos que somos una floristería que quiere vender más flores que la competencia. Convocamos a nuestros especialistas en marketing y a la agencia de publicidad con la que trabajamos habitualmente para llevar a cabo un sesión de creatividad con el objetivo de poder encontrar una propuesta de valor para nuestras flores que nos diferencien del resto de las flores que compiten en el mercado.

En la primera etapa del proceso visualizamos y creamos una serie de focos sobre los que trabajar ideas divergentes. Todos los miembros del equipo creativo aportan sus ideas.

Imagina que alguien sugiere la idea de flores en las que cada pétalo sea de un color diferente; otra persona habla de la posibilidad de tener flores que en ninguna parte, ni siquiera en el tallo, sean de color verde. Otra propone flores sin espinas. Un colaborador sale con la idea de flores que vivan para siempre, que no se estropeen, que no se marchiten.

Ojo, es importante recordar que en esta fase todavía no estamos valorando la viabilidad de las ideas, ***no*** anticipemos el juicio. Simplemente se lanzan, se recogen, se anotan..., sin más.

En la siguiente fase tenemos que desplazar esos focos que acabamos de crear. Tomamos, por ejemplo, el foco de las flores que no queremos que se marchiten y lo desplazamos con el siguiente argumento de trabajo: hagamos que la flor no muera nunca.

Menudo «gap» creativo. Nos encontramos ante un problema de partida importante, ya que las flores son seres biológicos, así que por definición, como todo ser vivo, acaban muriendo.

El «*gap creativo*» es una idea desplazada, *des-localizada* de su estado habitual, que supone un obstáculo que se opone a nuestra idea, no para detener su avance, sino para provocar una respuesta lo suficiente creativa para eludirlo. En el ejemplo que estamos utilizando, el caso de las flores inmortales, el «gap creativo» llega por sí solo, es consustancial a su naturaleza. Pero cuando no sea así, tendremos que ser nosotros quienes lo provoquemos con técnicas creativas de divergencia. Todo foco de trabajo, en creatividad, necesita sus «gaps» para poder mostrar divergencias.

En la parte final del proceso, tenemos que generar nuevas conexiones que permitan que esa flor no se muera. Una vez más, el equipo aporta sus ideas, participando en un *workshop,* que basaremos en modelos de generación de nuevas conexiones a través de ciertas técnicas, todas ellas llamadas bajo el nombre genérico de ***brainstorming***.

En nuestro ejemplo de la flor que no queremos que se marchite, a la que le deseamos una vida para siempre, algunas ideas podrían ser, como el lector ya ha anticipado posiblemente en su mente mientras leía esta parte del capítulo, que la flor que vendamos sea de plástico, de tela, pintada en madera, disecada, etcétera.

APRENDER DE LOS HUMORISTAS

Esta técnica en tres fases es exactamente la que siguen los humoristas para hacernos reír; aunque ellos, prácticamente en todos los casos, sean inconscientes del proceso que siguen. Si os fijáis, un chiste o un monólogo siguen un esquema muy similar al descrito para el proceso creativo. El cómico primero nos presenta el foco sobre el que versará el chiste y, a continuación, lo desplaza, llevándonos a un camino que a nuestra mente le despista. Lo saca de su naturalidad, de su entorno de pensamiento habitual. Lo desnaturaliza. De pronto, su discurso parece irse por los cerros de Úbeda, toma derroteros que en apariencia no tienen nada que ver con la idea que nos ha presentado previamente en el arranque. No sabes dónde va a terminar todo aquello, hasta que de pronto la historia adopta un nuevo giro sorprendente que conecta otra vez con el principio. Y es esa conexión final e inesperada la que consigue arrancarnos una carcajada.

Todo sigue un proceso estudiado hasta el milímetro, y no es posible saltárselo porque entonces arruinaremos el efecto. Cuando alguien «destripa» un chiste suele ser porque se ha saltado este orden y ha anticipado el final o conexión. Y así no tiene gracia ninguna.

El proceso que siguen los humoristas es exactamente el mismo que se utiliza en creatividad. Por esa razón suele decirse que las personas con más sentido del humor son las más creativas. Y por eso, el sentido del humor positivo es tan necesario para tener nuevas ideas, para generar buenos desplazamientos, para poner en marcha el *motor* del pensamiento lateral. Por cierto, los neurocientíficos, que estudian el pensamiento creativo a través de pruebas con resonancia magnética funcional, han publicado en numerosos casos que los «*conductos*» habituales que el cerebro utiliza para pensar creativamente son los mismos que utilizamos para contar un chiste o para crear una historia que nunca ocurrió, que forma parte de nuestra llamada «inventiva».

El *nuevo mono* ha comprendido bien la importancia del sentido del humor, tanto para su propio modelo de vida, como para la posibilidad que le brinda en su proceso creativo y de desarrollo.

Sabe que HUMOR significa en realidad no un *ji, ji, ji, ja*, sino la disponibilidad mental a la que se enfrentará con cada cosa que en su vida le vaya sucediendo. Es una actitud ante la vida, generadora de nuevas posibilidades, de nuevos espacios para crear, de avances...

¡VAMOS! ¡PREPARADO! ¡LISTO!

Nuestro cerebro es una herramienta de enorme capacidad. Todos tenemos la posibilidad de pensar creativamente.

Sí... ***TÚ*** TAMBIEN.

El problema es que nadie nos ha enseñado a hacerlo. Ni en el colegio ni en el instituto ni en la universidad.

Te hago una sencilla pregunta:

Un bate y una pelota cuestan en total 1,10 euros.

El bate cuesta 1 euro más que la pelota.

¿Cuánto cuesta la pelota?

La respuesta es sencilla.

Seguramente lo habrás adivinado sin tener que hacer uso de mucho *gasto energético*, sin un gran esfuerzo.

La solución: la pelota cuesta 0,10 céntimos.

¿Es así?

Pero haz ahora esta sencilla operación: si la pelota cuesta 0,10 céntimos es porque el bate cuesta 1 euro. Ambos juntos sumarían 1,10 euros.

Pero si lo *miras* bien, habría 0,90 euros de diferencia entre el precio de un objeto y del otro (1 euro – 10 céntimos = 90 céntimos).

Algo no está alineado. Algo no está bien.

¿Qué está pasando?

Si esta sencilla operación se la hubieras dado a un niño de unos diez años, la hubiera resuelto a la primera.

Pero nosotros, adultos, con tanto conocimiento en nuestra mochila personal y profesional, no somos capaces, en la mayoría de los casos, de obtener el resultado exacto la primera vez que lo hacemos.

Querido lector, date el gustazo de intentar dar una respuesta al problema que te he planteado de nuevo...

¿Ya? ¿Ahora sí? ¿Ya tienes el resultado correcto?

Efectivamente, se trata de darle un coste a la pelota de 0,05 céntimos de euro. Y, por lo tanto, el bate cuesta 1,05 euros.

Nunca dijo el problema, en su planteamiento, que el bate costase 1 euro. Eso fue lo que te llevó a no encontrar la solución. Fue tu propio cerebro el que, bajo el intento de quedarse con un esfuerzo mínimo, eligió por ti, para que pensaras que el bate costaba 1 euro, llevándote a un error de decisión.

¿Cuántas veces, a lo largo del día, nos pasan cosas parecidas?

Nuestro «*punto de vista*» está sometido a nuestra creencia de algo que no tiene por qué ser real; ni la mejor solución. Nos puede hacer elegir caminos erróneos, tal como nos ha pasado cuando nos han preguntado por el precio de la pelota, nos hemos agarrado a la primera idea, 0,10 euros.

Y nos quedamos tan a gusto... como nuevos.

Nadie nos ha enseñado a pensar creativamente. Pero podemos.

Y podemos aprender. Se trata, siguiendo el juego de la pelota y el bate, de no quedarnos con la primera idea, de cuestionar el *statu quo* de las respuestas posibles, de crear múltiples alternativas de respuesta antes de enjuiciar, de elegir lo que creemos que es mejor por haber tenido la capacidad de aplazar el juicio, y no *vomitar* la respuesta a la primera de cambio.

No nos han enseñado a pensar creativamente.

Como mucho conocemos alguna *receta* suelta, sin proceso alguno, sin técnica, sin estar preparado para ello. Por lo que no le sacamos el mejor *de los partidos* a nuestro modelo, sólo humano, de pensamiento lateral.

Aprendemos creatividad de la misma forma que, haciendo *zapping*, nos topamos con un programa de **Karlos Arguiñano** y resulta que está cocinando un plato que nos gusta, uno que nos hacía nuestra abuela cuando éramos pequeños. Corremos a coger papel y lápiz y anotamos apresuradamente los ingredientes y el modo de preparación. Pero eso es sólo una receta, aún no sabemos cocinar.

Las técnicas de creatividad que normalmente usamos, por aprendizajes repetidos y sin consistencia, tipo hacer un *brainstorming*, no nos enseñan a ser creativos ni nos ayudan a desarrollar nuestro modo de pensar lateralmente.

Las técnicas para desarrollar nuestro poder creativo son a la creatividad como las recetas a la cocina, nos pueden ayudar, pero no nos garantizan saber cocinar. Muchas personas saben muchas recetas de cocina y no saben cocinar.

Como en cualquier otra disciplina, el conocimiento y la práctica hacen al maestro.

Así que **¡vamos!**

Atreverse es, para el *nuevo mono,* la forma de empezar algo.

Todo empieza y al empezar se hace. Con errores, pero se avanza. Se aprende. Luego se irá preparando poco a poco (**¡preparado!**). Y por fin, desde esa continua *iterancia* o *iteratividad* (conceptos que pronto serán recogidos en el diccionario de la RAE), estará **¡listo!**

Para terminar este capítulo, me gustaría dejarte algunas técnicas, esas recetas básicas que, aunque no te ayuden a ser mejor cocinero, puedes empezar a utilizar en alguno de tus *momentos creativos.* Abordaremos esta parte del capítulo siguiendo las tres fases más importantes del proceso en el que se utilizan las técnicas de creatividad.

El lector ya sabe, por mi aclaración descrita más arriba, que éste no pretende ser un manual de creatividad, tan sólo un pequeño *paseo* por algunas de las técnicas más utilizadas. Recomendaría libros en los que profundizar con mucho detalle en las técnicas más avanzadas. Libros escritos por algunos autores como **David** o **Tom Kelley**, de IDEO, o los libros de **Edward de Bono**, el *papá* del pensamiento lateral, o **Michael Michalko** con sus *Thinkertoys*, entre otros...

PASO A PASO...

1. Técnicas para localizar múltiples focos

Es la fase para la que mayor número de técnicas distintas se conocen. Autores como el psicólogo de la Universidad de Oxford **Edward de Bono**, al que ya he nombrado, y de quien tuve la suerte de ser alumno hace más de veinte años ya, ha desarrollado un extenso trabajo en este campo. Este especialista británico, como hemos dicho anteriormente, fue quien acuñó el concepto de «pensamiento lateral» para referirse al tipo de pensamiento llamado *no lógico,* que nos permite la resolución de problemas de manera imaginativa, con un enfoque creativo, cambiando la mirada con la que observamos la realidad.

Todas las técnicas existentes para localizar foco comparten un rasgo en común: **desafían lo evidente**. Exploran así lo que De Bono denomina caminos «no ortodoxos», aquellos que el tipo de pensamiento lógico tiende a ignorar. Borra de su pensamiento. No ilumina.

(Como quizá te ha podido pasar a ti al sumar el coste del bate y la pelota en el problema que te he planteado más arriba.)

Cuando se desafía lo evidente, el «**NO**» adquiere una gran importancia.

Es el «NO» frente al «SÍ» por sistema, es cuestionarlo todo por más que el sentido común nos indique que es incuestionable. Supone negar que un coche tenga que tener cuatro ruedas, que un cristal tenga que ser rígido, que el circo tiene que tener payasos y leones, que las habitaciones se alquilan en hoteles o en agencias inmobiliarias, que para desplazarte por una ciudad si no tienes un medio propio, sólo existen los transportes públicos, por ejemplo, el taxi, que el café se vende en el supermercado, que una moto no va por el agua, que el queso es en su mayoría grasa, que un avión necesita piloto...

Por el momento, Google mantiene las cuatro ruedas a los coches, aunque ya se ha cuestionado que necesite un conductor... y todo parece indicar que sus futuristas coches, sin nadie al volante, serán una realidad muy pronto. Nestlé era (y es) el gran gigante mundial de la distribución de café instantáneo. Por cada café que se tomaba una persona, si era de cualquiera de sus marcas, Nestlé obtenía un beneficio neto de unos 0,08 euros. Con el objetivo de obtener más margen por cada café consumido, en 1986 lanza Nespresso, unas pequeñas cafeteras domésticas que funcionan con unas cápsulas monodosis de distintas variedades de café expreso y que se pueden comprar en tiendas o vía internet si formas parte de su club. Su propuesta de valor: que el cliente pudiera disfrutar de un café de alta calidad como si estuviera en una cafetería italiana pero en su propia casa. Además, para reforzar ese posicionamiento de alta gama, se creó un club Nespresso y se lanzó una ambiciosa campaña publicitaria que transmitía una imagen de sofisticación, **George Clooney** y el piano que le caía incluido.

La cuestión era: ¿estaba dispuesto el cliente a gastarse entre 36 y 42 céntimos por un café tomado en su casa, preparado por él mismo, cuando un paquete de café molido de 250 gramos cuesta entre 2 y 3 euros en el supermercado?

Todos conocemos la respuesta. Y sabemos también que los márgenes de beneficio de Nestlé se han disparado desde que Nespresso llegó a nuestras vidas. Nestlé evitó con este sistema el coste de la distribución, el mayor de los costes en la venta de tantos y tantos productos a la hora de ponerlos a disposición del consumidor final o usuario.

Quizá se planteó: ¿**Y si** vendemos café sin hacer uso de los canales de distribución tradicionales? ¿**Y si** somos nosotros mismos el único distribuidor de la marca?

Se trata de NEGAR la EVIDENCIA.

La primera de las técnicas que nos va a permitir cuestionar lo evidente consiste en hacer un listado de todo aquello que se da por sentado.

¡ASÍ DE SIMPLE!

Hay que reunir al equipo y elaborar un exhaustivo listado de esas decenas de dogmas que orbitan alrededor de cualquier cuestión. Y una vez tengamos esa relación, ese listado, se trata de NEGARLO.

Hacer uso del ¡NO!

En el caso que veíamos de los coches, damos por sentado que todos los automóviles necesitan de cuatro ruedas al menos..., o que necesitan de conductor... ¡Pues NO!

Querido lector, comprende que no se trata de sofisticación, a base de técnicas complejas, sino de un modo sencillo de gestionar nuestro pensamiento y el de nuestros equipos de trabajo.

A la segunda técnica que quiero compartir contigo se le llama la **técnica PO** y se la debemos a Edward de Bono.

Consiste en desafiar lo obvio para, así, provocar nuevas oportunidades.

De ahí lo de PO, **P**rovocar lo **O**bvio.

Es lo que hizo, por ejemplo **Ferran Adrià**, consciente o no, con su archifamosa «*tortilla deconstruida*».

Adrià coge un clásico absoluto de la gastronomía como es la tortilla de patatas, el Santo Grial de nuestra cocina, y le da la vuelta, la reconstruye, dándole una textura, forma y presentación distinta pero respetando su esencia. La sirve en una copa de cristal. Y separa sus ingredientes de forma que el consumidor pueda distinguirlos en todas sus partes y sentirlos de forma distinta a como siempre lo hizo, sin perder, como decimos, su esencia. En las propias palabras del genial chef: «La deconstrucción consiste en utilizar y respetar armonías ya concebidas y conocidas, transformando la textura de los ingredientes, así como su forma y temperatura, manteniendo cada ingrediente, para incluso incrementar la intensidad de su sabor».

Ferran Adrià coge la tortilla tradicional y nos la sirve en una copa de cava. Y todo el mundo se rinde a sus pies. «Es muy creativo», aseguran. Y es verdad, lo es, indiscutiblemente. Es, quizá, un *nuevo mono*, en este caso experto en cocina.

Pero sólo ha hecho algo muy clásico en creatividad: desafiar lo obvio.

Como Adrià, el creativo también des-construye la realidad que observa, le da la vuelta, le imprime ese giro que logra convertir lo cotidiano en extraordinario.

Una tercera técnica, muy usada también, consiste tan sólo en hacerse esta buena pregunta:

¿Qué tiene que no tenga?

Ya lo anunciábamos cuando hablábamos de De Mestral y el velcro.

Otra de esas preguntas mágicas cuyo efecto puede ser espectacular en términos de creatividad.

Los laboratorios farmacéuticos Lilly están entre los diez más importantes del mundo. Pero a principios de los años noventa su posición en el mercado no era tan preponderante. Su fortaleza siempre se había basado en la venta de dos productos de gran tirón en Estados Unidos y en el resto del mundo: el Prozac, la fluoxetina, producto para tratar estados depresivos, y las vitaminas.

Uno de los grandes hitos que hizo que Lilly dejara el furgón de cola de los grandes laboratorios y pasara a situarse entre las primeras posiciones dentro del sector *farma* fue cuando uno de sus directivos, el señor Randall Tobias, hizo uso de esta pregunta: ¿Qué tiene que no tenga?

Este directivo realizó una visita a la fábrica de M&M'S. Necesitaba contrastar con sus colegas algunos aspectos del proceso productivo para ver si podía importar los procedimientos de M&M'S a su propia producción. Fue allí, al presenciar el proceso de elaboración de las populares pastillas de chocolate, donde se formuló la pregunta. ¿Qué tienen estas pastillas que no tengan las mías? ¿Qué pasaría si a mis aburridos complejos vitamínicos de color blanco nuclear les diéramos una capa de un color menos convencional? ¿Tendría eso algún efecto en la manera en la que mis clientes perciben el producto?

Y resultó de ahí el lanzamiento de la marca de vitaminas Micebrina... una al día.

Primeras pastillas de vitaminas de colores que incorporaban caramelo y chocolate. Revolucionó en aquella época el mundo de las vitaminas.

Y los resultados financieros de Lilly se incrementaron espectacularmente.

¿Era R. Tobias ya un *nuevo mono*? No lo sabemos, pero desde luego pensaba como el *nuevo mono*.

Igualmente lo hizo **Schultz** con Starbucks: se planteó ¿qué tiene un salón de una casa que no tenga una cafetería?

Y tantos otros *nuevos monos* de mucho éxito.

Un proyecto que siguió esta misma técnica y que conozco, además, de primera mano, porque tuve la oportunidad de participar en el proceso creativo, es el de una empresa barcelonesa de alquiler de obras de arte. Esta compañía fue en su origen una galería de arte de Barcelona regentada por los padres de los actuales propietarios. Cuando aquéllos se jubilaron y le traspasaron la galería a sus dos hijos, éstos se plantearon qué podían hacer con aquel negocio, que atravesaba por serias dificultades, para hacerlo remontar. Eran los momentos más duros de la crisis y el sector del arte fue uno de los que con mayor virulencia sufrió su impacto. ¿Lo cerraban y rompían con la tradición de la familia?

En un momento donde ya muy pocas personas disponían de varios miles de euros para invertir en un cuadro que colgar en el salón de su casa. Por ir más rápido al centro de la historia os diré que los nuevos gestores se fijaron entonces en el mercado de los coches de alquiler.

Y lo compararon con el de la venta de arte.

¿Qué tiene el mercado de alquiler de coches que no tenga el de venta de cuadros de arte?

Tal vez la gente ya no dispusiera de tanto dinero para comprar obras de arte, pero quizá sí el suficiente para alquilarlas y disfrutar de ellas ocasionalmente. Había foco, estaba desplazado y surgían nuevas conexiones, sin embargo, cuando llegaba el momento de la evaluación la idea se caía por sí sola: faltaba mercado. La realidad es que pocas personas estarían dispuestas a alquilar un cuadro de un pintor importante sólo para impresionar a los invitados que iban a cenar.

¿Quizá para estudios de televisión, rodajes de películas, eventos especiales...?

Ahí surgió una buena y nueva oportunidad de mercado para una vieja galería de arte que se limitaba a esperar que los compradores entrasen en su «tienda».

Ya hemos indicado que la creatividad requiere de tesón e insistencia. Sólo había que volver a empezar desde el principio. Al poner en marcha nuevas oleadas del proceso creativo apareció esa nueva variable de alquiler de arte relacionada con las empresas de producción audiovisual y de eventos como clientes potenciales.

Las películas, las series de televisión, las obras de teatro... Todas ellas necesitan cuadros y esculturas para decorar sus escenarios y sus sets de grabación, para darle verosimilitud a la historia.

Ahí había un producto-servicio esperando a nuevos *players* que lo hicieran de una forma diferente.

Y no sólo eso. Ése todavía no fue el final de la historia. El alquiler de obras de arte les obligó a desarrollar un sistema para transportar los cuadros de forma segura y fiable. Y una vez creado ese nuevo sistema de transporte de arte, descubrieron que también podía ser utilizado por otras compañías que, como museos y galerías, también necesitaban trasladar sus obras de arte con garantías. Así que desarrollaron una nueva línea de negocio paralela a la de los alquileres de cuadros que ha terminado siendo más rentable que la primera. Hoy día son una de las principales empresas de transporte de arte y alquiler del mundo. Les llaman desde el MoMA de Nueva York, hasta cualquier producción de Hollywood.

2. Técnicas para generar desplazamientos del foco

Las técnicas de desplazamiento son mucho más rápidas de explicar porque, básicamente, sólo se conoce una. Es la llamada **SCAMPER**.

SCAMPER es un acrónimo en inglés cuya traducción al castellano se corresponde con los términos: **S**ustituir, **C**ombinar, **A**daptar, **M**odificar, **P**roponer, **E**liminar y **R**eorganizar.

La técnica fue creada por **Bob Eberle** a mediados del siglo pasado.

Su funcionamiento es muy sencillo. Se trata de obtener una nueva idea o concepto a partir de someter una idea original, o foco, a todas las acciones recogidas en la lista *acrónima* SCAMPER.

La técnica SCAMPER se articula a través de varias preguntas que el equipo creativo se hace sobre la idea de partida o foco original, siguiendo el itinerario de la lista *acrónima.*

Cada foco se pasa por el matiz de esta matriz de posibles acciones.

Por ejemplo, en el caso de la galería de arte de la que hemos hablado, algunas preguntas pertinentes podrían haber sido: ¿Cómo puedo reducir costes? ¿Cómo puedo adaptar mi producto a una nueva funcionalidad? ¿Con qué elementos externos lo puedo combinar para obtener un nuevo resultado?...

Cada foco se pasa por el crisol de esta lista de posibles acciones para así desplazarlo.

Con este tipo de preguntas logramos crear los *gaps creativos* que necesitamos para obtener múltiples soluciones alternativas.

Siempre su uso es igual. De la misma forma.

Inventad preguntas que permitan someter el foco a cambios, modificaciones, minimizaciones, reducciones, adaptabilidad, etcétera.

El lector, simplemente vía google, podrá encontrar la técnica SCAMPER descrita con un gran lujo de detalles y multitud de ejemplos que le aclararán y ayudarán a perfeccionar su uso.

3. Técnicas para producir nuevas conexiones

Todas las técnicas de generación de nuevas conexiones que existen pueden agruparse bajo un único epígrafe: el de la llamada tormenta de ideas o ***brainstorming.***

Lo primero que habría que apuntar acerca de estas técnicas es que, de igual forma que nadie nos ha enseñado a pensar en modo creativo, tampoco hay tradición en cuanto a formar a las personas en las habilidades básicas para trabajar en un contexto de *brainstorming.*

Como consecuencia, en una gran cantidad de empresas, cuando se plantea la necesidad de que un equipo de trabajo realice un *brainstroming*, lo que sucede es más parecido a un simulacro de debate televisivo que a una verdadera tormenta de ideas. En estas reuniones, lo que suele suceder es que se libra una guerra de egos en la que el único objetivo que se persigue es que la idea propia prevalezca sobre la del resto. Y cuando hay diferencias jerárquicas, las resuelve la jerarquía. Además, el estado anímico de cada uno de los participantes también introduce un sesgo importante. Los habrá que se hayan levantado con el pie izquierdo esa mañana y sólo abran la boca para hacer un comentario negativo. Eso no es un *brainstorming.* Eso es una pelea de gallos. En muchas ocasiones se pierde el *brain* y sólo se queda el *storming.*

A continuación repasaremos algunas de las técnicas de *brainstorming* más eficaces, aquellas que mejores resultados arrojan en los procesos creativos.

Todas las técnicas, si se trabajan bien y con el objetivo de evitar que sólo participen unos pocos, los más atrevidos o conocedores del tema tratado, tienen un procedimiento común: es mejor que se produzcan las ideas desde el individuo al colectivo.

Me explicaré: las técnicas de tormentas de ideas, cuando se trabajan bien, necesitan una fase, llamada cero, o de *pre-work*, en la que cada individuo prepara su listado de ideas de forma individual, en solitario, antes de enfrentarse a compartirlas, sin juicio por parte de nadie del grupo, con los demás.

Una de las técnicas de *brainstorming* más conocidas y usadas es la llamada **Técnica del Grupo Nominal** o TGN. Fue desarrollada por los autores **Delbecq y Van de Ven** a comienzos de los años setenta del siglo pasado. Este modelo propone un sistema de reuniones muy estructurado que facilita alcanzar rápidamente consensos y conclusiones al final de cada una de las sesiones. En el sistema TGN se escuchan todas las voces alrededor de un gran número de asuntos, siguiendo un esquema muy definido, en el que no hay ganadores ni perdedores. Entre las peculiaridades de este método figura la importancia de la metodología, la búsqueda del equilibrio en las intervenciones de cada uno de los participantes y la incorporación de técnicas matemáticas de votación para la toma de decisiones.

La TGN empieza con una reflexión individual de cada participante que luego compartirá bajo un esquema llamado de ***nube de ideas*** con los demás. En esta primera fase se pone el acento en el trabajo individual de cada uno de los miembros del grupo. Es decir, se trata de una fase de preparación previa en la que cada profesional analiza y reflexiona individualmente acerca del problema o cuestión sobre la que se está tratando, y sólo después de tener su propio listado *ideativo* se celebra una reunión en la que expondrá sus conclusiones al resto del grupo, para poder seguir trabajando sobre ellas de manera colectiva.

Una segunda técnica muy utilizada es la llamada PMI, acrónimo inglés de ***P****lus*, ***M****inus*, ***I****nteresting*. Técnica que le debemos también a Edward de Bono.

En castellano la podréis encontrar también como PNI, de **P**ositivo, **N**egativo e **I**nteresante.

Consiste en ir creando una matriz con esas tres variables para, a partir de un tema dado, ir colocando en ella las distintas ideas que vayan aportando los participantes en el *brainstromimg*.

Es la clásica lista de pros y contras que todos hemos anotado alguna vez en una libreta cuando nos hemos tenido que enfrentar a alguna decisión difícil como mudarnos de ciudad o cambiar de trabajo. Sólo que en el modelo PMI se trabaja en grupo y hay, además, una diferencia sustancial respecto a la lista de nuestra libreta. Aquí el grupo no trabaja aportando ideas dando saltos de una que sea «plus» a otra que sea «minus», es decir, por la propia metodología, no se puede saltar de algo positivo a algo negativo *sin orden ni concierto*. No hay posibilidad de que una persona del grupo aporte una idea positiva y luego otro compañero le siga con otra idea pero negativa, aunque eviten el juicio. Todos, durante un tiempo determinado, que se pacta al inicio de la sesión, tendrán la obligación de aportar ideas positivas. Pasado ese tiempo, y de la misma manera, todos tendrán otro tiempo, de igual duración que el primero, para aportar todas las ideas negativas en relación a la conexión sobre la que se está trabajando.

Además, existe una tercera columna en el acrónimo: la de «interesante». En ella situaremos todas las implicaciones, positivas o negativas, cuando vayan saliendo, que sin ser juzgadas por el momento, sean especialmente llamativas porque las consideremos novedosas, con potencial, o porque creamos que pueden abrir nuevas líneas de discusión futuras o simplemente porque brindan posibilidades de algo no contemplado hasta ese momento.

Una PMI también puede completarse situando una valoración subjetiva del 0 al 10, con números positivos o negativos, junto a cada una de las anotaciones. El resultado de la suma final será un indicador más de cara a la decisión final.

Volviendo al ejemplo de la galería de arte reconvertida en negocio de alquiler de obras, un PMI muy sencillo podría haber sido:

Positivo	**Negativo**	**Interesante**
Mayores posibilidades de conseguir clientes.	Menores ingresos por operación.	Posibilidad de abordar nuevos mercados como el de las productoras de cine.

Para que esta técnica sea eficaz, como en tantas otras, es fundamental que no se adelante ningún juicio. Nadie valora ninguna de las opciones hasta que no se ha completado la matriz. Y se empieza por una columna, la que se acuerde o recomiende el facilitador de la sesión, y no se pasa a otra hasta acabar. No se salta de «minus» a «plus», ni al revés, nunca. Nadie. Tan sólo está permitido, sin juzgar, colocar ideas que se consideren por cualquiera de los participantes como de gran interés o cuestionarse la columna de «interesante».

La mayor parte de los productos y servicios que tienen éxito en los mercados cuando se utiliza esta técnica tienen su origen en la casilla de «Interesantes». Curioso. O no...

De ahí surgieron ideas como la de que los autobuses urbanos tengan una parte de su espacio ocupados por asientos y otra por espacios diáfanos donde, estando de pie, podamos agarrarnos a una especie de tubos. O la idea de que todos los taxis de una ciudad tengan el mismo color.

Una tercera técnica de *brainstorming* es la conocida como **XXX**.

Al igual que la Técnica de Grupo Nominal, también es muy estructurada y se apoya en tres parámetros: «X» numero de ideas, «X» número de participantes o grupos de participantes, y «X» tiempo.

Por ejemplo, pongamos que se escoge trabajar con tres ideas en un grupo de seis personas y durante cinco minutos. Así, cada uno de los miembros del equipo trabaja de manera individual en la idea que le ha correspondido en el reparto de turnos durante cinco minutos. Transcurrido ese tiempo, le pasa el resultado de ese trabajo que ha anotado en un papel gigante a la persona que tiene a su lado para que ésta siga trabajando en su idea original durante idéntico lapso de tiempo. Paralelamente, la persona también recibe un papel con el trabajo de un compañero para que, a su vez, continúe desarrollando la idea heredada. Así hasta que todas las ideas pasan por todas las personas. Con el resultado de este trabajo enriquecido por las distintas aportaciones y visiones se sigue trabajando en conjunto.

Es un *brainstormimg* interactivo.

A veces, en lugar de trabajarse persona a persona, siguiendo la misma metodología, se hace con un número de «X» grupos, de «X» individuos cada grupo, al que se le piden «X» ideas, en un tiempo «X».

Esas ideas, transcurrido el tiempo marcado, pasan de un grupo a otro y se aplica el mismo método descrito arriba.

Hay muchas más técnicas de conexión que el lector podrá encontrar en manuales especializados sobre el tema o vía internet.

Una de ellas, quizá la más conocida, es la técnica de **mapas mentales**, creada por **Toni Buzan**. Como digo, el lector la puede encontrar y aprender fácilmente en internet. Es muy sencilla. Se puede trabajar de forma individual o en grupo. Este libro está siendo escrito e ideado bajo esta técnica. Es frecuente que la utilice para la preparación de un curso o de una ponencia.

La creatividad depende de la cantidad. Es decir, requiere de mucho esfuerzo. Y de mucho conocimiento.

Una sesión de creatividad, aunque te guste mucho, será *cansina.*

Y eso significará que ha sido productiva.

Sin cansancio no hay creatividad que valga.

¿Estás dispuesto a pagar el precio del esfuerzo?

Si tú eres de los que sí están dispuestos a pagar ese alto precio, rodeándote del conocimiento adecuado, conociendo el proceso y respetando su orden, es decir, no anticipando juicios, y con ciertas técnicas sencillas de creatividad, tendrás una posibilidad de salir de la mediocridad y de pensar de forma lateral.

Como le gusta pensar y actuar al *nuevo mono*.

El *nuevo mono* lo sabe. Puede que no sepa, en todos los casos, técnicas creativas, ni el proceso de pensamiento creativo en toda su dimensión, pero sabe que tiene que *dar muchas vueltas* a las cosas, sin pararse, a la vez que las va haciendo, probando, equivocándose, para estar **¡LISTO!**, se ha **¡PREPARADO!** y ha aprendido al atreverse a HACER cosas nuevas; su grito es **¡VAMOS!**

13. ¿DE QUÉ COLOR ES TU *VACA*? EL NUEVO *BETA*MERCADO

La nueva «P» es la «P» de *púrpura*.

Seth Godin

En el año 2002, el archiconocido gurú del marketing **Seth Godin** lanzaba su famosa teoría conocida con el nombre, que da título a su libro, de *La vaca púrpura*, editado por Gestión 2000 en nuestro país. De una forma simplificada venía a decirnos que dejarás de ver las vacas si habitas en un paisaje con muchos prados, todos ellos repletos de vacas iguales o muy parecidas entre sí, y en el que, además, tú vives desde hace mucho tiempo viéndolas cada día. Dejarás de verlas sin ser consciente de ello. Las vacas pasarán desapercibidas para ti.

Algo que en biología ya se hablaba desde hacía muchos años y que se conoce como efecto de *discriminación cognitiva*.

Es decir, aquello que forma parte de tu *paisaje* natural, tu cerebro lo discrimina, o dicho de otro modo, deja de prestarle atención, deja de importarle. Y no lo diferencia de lo demás.

La teoría de la Vaca Púrpura nos recomendaba básicamente que nos diferenciásemos para desde ahí poder transformar nuestros negocios, para acceder al mercado con mayores posibilidades de éxito.

Algo que es extraordinario, por ejemplo, una vaca púrpura entre tantas vacas marrones, blancas y negras, es algo en lo que nos fijaremos de forma especial, de lo que merece la pena hablar. Es excepcional. Se lo cataloga de interesante, de diferente, de nuevo. Eso es una vaca púrpura en un prado de vacas marrones.

Godin defendía, con esta teoría, que el marketing extraordinario es el arte de construir vacas púrpuras, diferenciarlas del resto de la manada, presentarlas de una forma excepcional.

Hace tan sólo un año, exactamente el 29 de agosto de 2016, tuve la gran suerte de poder encontrarme con Seth en su oficina de Nueva York.

Trabajábamos en una entrevista sobre el *nuevo marketing*.

(El lector puede visitarla en <https://youtu.be/yd1dLF0sInY>.)

Le preguntamos sobre su libro *La vaca púrpura* y qué pensaba él de su propia teoría pasados 15 años.

Nos dijo literalmente: «[...] 15 años atrás es lo que veía del mundo, y si tuviera que escribirlo hoy sería un libro completamente distinto. Aunque no perdería la esencia».

Permíteme quedarme con su frase final: «No perdería la esencia».

Quiero explicar unos textos más abajo el *porqué* esto, en mi modesta opinión, es importante.

El *nuevo mono* sabe, ha sido en parte el creador de ello, que vivimos una nueva época de exceso de todo, donde ya no queda nada que comprar (qué exageración por parte del autor), tenemos de casi todo, al menos aquellos que pueden pagarlo y a los que se les quiere vender, donde se nos hace muy difícil no repetir lo ya existente, en la que provocar diferencias entre productos y servicios es de genios; una época de desarrollo tecnológico provocador de un tipo nuevo de comercio etéreo, húmedo, donde los sistemas de navegación nos permiten comprar casi todo en la red, donde el complejo *televisión-industria-distribución-consumidor* ya no funciona, ha cambiado el modelo, donde ya no se venden productos sino afecto, sensaciones, experiencias... Un mundo en el que la mayoría de los productos son invisibles.

Un tiempo en el que estamos demasiado ocupados para perder el tiempo en buscar aquello que verdaderamente más nos interesa.

Una época donde el marketing ya no consiste tan sólo en comunicar los beneficios de un producto al público objetivo. No es en lo que más recursos se invertirá. Este planteamiento ya no funciona. Ya no nos diferencia.

Ya todos sabemos que, en este nuevo entorno digital, donde el consumidor es un *nuevo mono*, las viejas estrategias de marketing no funcionan. En este nuevo BETAmercado las cosas han cambiado porque el modelo de relaciones entre las personas ha cambiado.

Sin embargo, ¿qué hacen los departamentos de marketing?

Lo mismo que hacían a finales del siglo pasado: planes de marketing basados en las cuatro «P». Kotler nos lo enseñó muy bien. Ha dejado fuertemente su huella.

Los enfoques tradicionales, en la mayor parte de los casos, están obsoletos. «Cien años de marketing se han desvanecido», nos comentaba Seth Godin en la entrevista que mantuvimos con él hace un año. ¡Así es!

Es necesario poner una vaca púrpura en todo aquello que se quiere diferenciar en un mercado. O verde. O roja. O... porque los medios de comunicación de masas ya no funcionan, ya no son las armas secretas del marketing.

El boca a boca se ha transformado. Ya no es ni con boca. Va de *smartphone* a *smartphone*, de Instagram a Facebook... por ejemplo. El *youtuber* es más influyente que el famoso. Se les llama *influencers*. El famoso lo sabe y se ha convertido en *youtuber*.

El *influencer*, con frecuencia, es un *don nadie* carente de conocimientos pero evangelizador de masas. Cientos de miles o millones de seguidores están dispuestos a hacer, o comprar lo que les dice.

Un tipo llamado El Rubius es capaz de vender cien mil camisetas en media hora con un solo vídeo colgado en YouTube. Tiene más seguidores en su canal que la suma de los seguidores de Beyoncé y Lady Gaga juntas. Cuatriplica el número de seguidores de un programa de televisión *primetime* tipo El Hormiguero. ¡De locos!

La profesión de marketing ha cambiado para siempre.

Los viejos métodos ya no funcionan.

Lo conocido es historia. Y la historia conviene conocerla, para saber qué es válido y qué no. Ya casi nada de las viejas estrategias es válido.

El *nuevo mono* espera algo diferente. Quiere algo diferente.

La publicidad, tal como se conocía, ha muerto.

El *branding* ya no se maneja como antaño. La marcas

no se construyen de igual forma. El *naiming* ha cogido otro rumbo.

El marketing tiene que volver a la casilla de salida.

El marketing necesita de nuevos Alberto Alessi, Steve Jobs, Richard Branson...

El *nuevo mono* quiere emocionarse, todo el tiempo. No quiere comprar.

Anhela que le presten atención en cada momento. El resto es trivialidad. Pasado. El *nuevo mono* prefiere encontrar su vaca púrpura en la fantasía.

Expertos ensayistas de esta nueva normalidad, como el escritor británico **Mark Ravenhill**, afirman que «comprar y follar es lo único que nos queda, conforman los sueños de esta nueva época. Es lo que nos hace sentir vivos».

¿Se pasa? ¿Exagera? Quizá sí. En opinión de este autor, claramente es una forma, pedagógicamente exagerada, de hacernos visualizar la nueva realidad en términos de consumo. Ahora bien, con que sólo tuviera un 10 por ciento de razón, más nos vale entender este nuevo mercado, cómo son las nuevas maneras de *captar* a los consumidores, hiperexigentes, de llamarles la atención y motivar el deseo de compra, de cómo deberíamos organizar nuestras empresas, grandes o pequeñas, de cómo ser un autónomo o profesional especializado que ofrezca su especialidad de forma diferente...

Parece ser que en esta nueva aldea global, *BETAlandia*, en la que habita el *nuevo mono*, la gente no se vuelve loca ni por el ahorro ni por el celibato. En el viejo mundo la gente ahorraba porque se afirmaba que era el camino para mejorar para asegurar el futuro. Y la gente era más espiritual, religiosamente o no. Estos dos pilares se están derrumbando. El placer y el ocio son ya la nueva realidad. Se espera de casi todo una gratificación inmediata. En unos minutos la noticia ha muerto. Es pasado. Follar y comprar, diría Ravenhill. Freud y Jung.

¿De qué color es tu vaca?

Piensa en lo que hizo Dell. En Ikea. En Starbucks. O no hace tanto..., piensa en Airbnb. En Hawkers. En Bla Bla Car. En...

Algo no ha cambiado, hay oportunidades de negocio esperándote.

Y todas, las del pasado reciente o lejano, tipo Disney o Ford, como las de hoy, las que habitan en *BETAlandia*, tipo Booking, The Brubaker o Amazon, tienen algo en común: facilitarnos la vida.

Algo que el *nuevo mono* persigue sin cesar. Una vida más fácil.

Ford lo hizo democratizando el automóvil. Ikea poniendo a nuestra disponibilidad muebles de diseño baratos con carácter temporal, Disney vendiéndonos espacios de felicidad, Airbnb haciéndonos fácil y más económico encontrar habitaciones en la mayor parte de las ciudades del mundo, Hawkers haciendo que podamos disponer de muchos modelos de gafas de sol a un precio *tirado* al alcance de casi cualquier bolsillo...

El dinero, en todos los casos, ha sido uno de los resultados positivos consecuencia de un propósito más importante.

Todas estas ideas de empresa y marca, las de antes y las de esta nueva época, tienen algo en común: un **PROPÓSITO**, que el viejo simio, o ahora el *nuevo mono,* distingue entre el paisaje de lo cotidiano.

Crean desde la idea que persigue el propósito, el fin del negocio, sus vacas púrpura.

¿De qué color es tu vaca? O ¿cuál es el propósito de tu idea?

El tener un propósito es el fundamento.

Y, a partir de ahí, todo cambia, nada se parece al pasado: el plan de marketing tradicional ha muerto, la comunicación va en otra dirección, el modo de promocionar ya no es de masas, la distribución, llamada *plaza* tradicionalmente, en muchos casos se reduce o desaparece, los presupuestos son mucho más bajos, la masa crítica como público objetivo cambia...

Cada noche, en todo el mundo, los directivos sueñan con el Santo Grial de su negocio: conseguir un ***monopolio temporal*** para su marca, para sus productos. A diferencia del pasado, saben que no podrá ser sostenible en el tiempo, pero que al menos constituya durante un tiempo un monopolio púrpura diferenciado y atractivo para el *nuevo mono*.

Como la palabra monopolio ha tenido mala prensa en la historia de la economía capitalista y del desarrollo de las marcas y de la competencia, nos hemos inventado otro nombre para hablar de lo mismo, el de **nicho temporal**.

En cualquier caso, se llame como se llame, lo que se perseguirá es ser la única «elección». O la «elección» más elegida.

Llegar a ser los elegidos para dejar así al consumidor sin otra elección.

Paradójico. En esto radica el secreto. Difícil de conseguir...

Las esencias no han cambiado.

Ya lo hablábamos con Seth Godin, tal como os he comentado en este texto un poco más arriba, durante nuestra entrevista el pasado mes de agosto.

Todos siguen buscando su «Vaca Púrpura».

Todos siguen buscando las *tribus* concretas, bien diferenciadas, a las que dirigirse. Todos eligen zonas geográficas de mercado en las que ser únicos. Todos quieren ser especialistas en algo. Ser únicos. Singulares.

La nueva normalidad es más exigente con la singularidad.

Sabe, como nunca antes, que *la belleza está en el ojo del que mira*. No al revés.

En esencia, lo más básico no ha cambiado.

Pero otros paradigmas *marketinianos* sí.

Todos sabemos que siempre se dijo que sólo existen dos formas de ser diferentes en un mercado: ser el mejor en algo o ser más barato.

Aunque es verdad que, ya hace tiempo, se rehízo este axioma con un cambio significativo a la hora de expresarse: *parecer* el mejor en algo o *parecer* más barato.

Muy estudiado en los *viejunos* MBA.

Para el *nuevo mono* no es así.

El *nuevo mono* no busca la *unicidad*, o singularidad, lo diferente de un producto o servicio, en una cuestión de oferta comercial.

Te puede elegir aunque no seas el mejor, lo mejor. O aunque no seas el más barato, si lo puede pagar.

Lo que busca es algo que sea especialmente original. La exclusividad la busca en una idea facilitadora, en un embalaje atractivamente práctico, deseoso, funcional, en la cultura de una empresa, en sus valores, en una nueva tendencia social, en el cooperativismo, en el talento...

Los valores diferenciales *salen* de formar parte exclusiva del producto y sus servicios añadidos para formar parte de la nube global que rodea la elección.

El secreto no está en el producto único, sino en la idea única. El producto o servicio es la consecuencia.

Se buscan personas dispuestas a cambiar el *statu quo* de lo conocido, a mirar y construir un mundo con una mirada nueva, a romper reglas, a ignorar los controles del pasado, a cuestionarse las normas. A asumir riesgos de prueba y error a bajo coste económico y de oportunidad de mercado.

Y es por ello que el resto, los viejos simios, no lo comprenden.

No comprenden un coche sin conductor, qué será de las leyes de tráfico... O no comprenden un modelo de transporte por la ciudad que no sea regulado como el de los taxistas y de ahí tanta protesta contra Uber y otros.

Lo raro triunfa. Lo normal, en sentido pasado, no conduce a ningún éxito, a ninguna posibilidad de diferenciación.

La nueva normalidad es tecnológica, inteligente y artificial, por ese orden.

El cooperativismo es individualista. No es paradójico para él.

El *nuevo mono* se siente parte de la manada como nunca antes, colaborativamente. Sin embargo, se aparta de lo parecido. Lleva un iPhone 7 como todos los demás, pero lo personaliza como único.

A este fenómeno se le ha llamado *teamvidualism*. Intenta mezclar, sin ningún tipo de separaciones, los conceptos de grupo y de individuo.

El *nuevo mono* no quiere ser tratado como un recurso humano, ni como un consumidor X, sin nombre, sin rostro. Quiere cooperar desde la unidad. Colaborar desde su ego.

Las redes sociales son una gran prueba de ello. Para ti, desde mi ego.

Es tuyo ya, bajo mi nombre. «*Retuitéame*. Dame un *like*.»

No sólo se democratizan las ideas, se comparten a velocidad de vértigo, y se convierten en noticia durante un corto espacio de tiempo.

Eso sí, también las convierten en mediocres. En otro momento de este documento profundizaré en ello bajo mi opinión personal.

«*El más tonto hace botijos*», decían en mi pueblo.

Este dicho, quizá en esta nueva época, está más actualizado que nunca antes. *Hace botijos*, pero no botijos únicos. Muchos *hacen botijos*, pero no los venden.

Mucho se queda en copia, corta y pega. Hay que saber copiar. Y hay que saber pegar, mejorando la idea, transformándola, haciéndola crecer, elevándola a otro nivel... si no *para qué*...

El *nuevo mono*, el de verdad, no el viejo simio disfrazado de *nuevo mono*, que de éstos hay muchos, los que más abundan, es más inteligente que esto. No copia por copiar. No *vende* si no lo mejora.

Busca lo disruptivo, no lo copiado. Mejora lo que copia.

Crea desde la disrupción.

En la sociedad *BETA*, lo anormal es lo que genera monopolio.

Es lo elegido.

Si la rareza es lo normal en este nuevo modelo organizativo social y económico, te has preguntado ¿cuál es la rareza de tu empresa?

¿Lo diferente de tu idea?

¿Sabes cuál es, quince años después de que nos lo recomendara el *amigo* Seth, tu ***vaca púrpura***?

¿Nos la presentas?

PARA SER IRREMPLAZABLE HAY QUE SER DIFERENTE.
COCO CHANEL

¡Qué claro lo tenía Chanel!

Y válida es, en nuestra sociedad *BETA*, esta afirmación suya del pasado siglo...

Quiero recordar un comentario que dijo hace años **Alberto Alessi**, diseñador y empresario italiano de productos para el hogar de uso cotidiano, divertidos y únicos, «las personas desde siempre y para siempre tendrán necesidad de arte y poesía. Ojalá las industrias no lo olviden nunca».

¡Qué razón! Esto no sólo no ha cambiado, sino que en la nueva *BETAlandia* se ha hecho mucho más importante. Es pura lógica.

No es de extrañar que el *nuevo mono*, como su antepasado el viejo simio, con el que convive socialmente, estén dispuestos a pagar 40 euros por una escobilla de baño.

Y es que la emoción genera dinero. El arte genera dinero.

La emoción es comercio. La poesía es comercio.

El arte y los beneficios no son excluyentes.

El negocio y el mercado podrán ser inteligentemente tecnológicos, pero es un humano el que seguirá decidiendo la compra. Esto no ha cambiado. Incluso con la llegada del IoT. Que no nos engañen los nuevos evangelistas de la tecnología.

El internet de las cosas hará que nuestro frigorífico decida por nosotros qué comprar, pero siempre en relación con nuestros gustos, y a las «faltas» de productos que tenga.

Y se seguirán vendiendo productos de diseño que emocionen, puede que no se visiten las tiendas físicamente hablando, o sí, o para unas cosas sí y para otras no, pero vía presencial o vía web, el *nuevo mono* necesitará emocionarse con la oferta.

Por eso el Banco Sabadell se alía con Rafael Nadal, entre un gran elenco de conocidos respetados por el gran público, para promocionar sus productos bancarios, aunque luego venda y gestione sus productos vía internet. Lo mismo que ha hecho H&M con Madonna.

Las empresas que aspiren a ser competitivas y a diferenciarse en esta nueva normalidad no podrán aislarse de formar parte de lo que ya se conoce como «***economía del alma***».

Nos dicen Kjell A. Nordström y Jonas Ridderstrale que la economía del alma es sincera, personal, sexual. Nos emociona.

Para un cliente, la economía del alma le implicará enfocar su decisión de compra en una experiencia extendida, ver y sentir más allá del producto en sí mismo. Y esto siempre estará fuera de cualquier bit.

Las empresas deberán, en la búsqueda de sus vacas púrpuras, saber qué enfada, alegra o entristece a sus clientes. Las emociones cuentan. Más que nunca antes. En un mundo de robótica, *big data*, inteligencia artificial y revolución industrial 4.0, las emociones importan.

Las personas siguen siendo el centro de atención del *BETA*mercado.

Esto no ha cambiado. Confundirlo podrá suponer poner en riesgo el negocio, la idea, la propuesta de valor. La tecnología es el acelerador del éxito, pero no el éxito.

El éxito radica en la elección que haga la persona.

El centro del negocio es la persona.

Inspirarlas, palabra que prefiero a motivarlas, será responsabilidad del nuevo marketing. Eso sí, tendrá que ir pensando en comunicar su diferencia, su monopolio temporal, de otra forma.

Es aquí donde la conversación de la marca con el cliente, y el canal de ésta, debe cambiar. Debe actualizarse.

Para ello, el *nuevo mono*, empresario o emprendedor, no debe olvidar este principio básico y fundamental en la nueva normalidad:

la innovación debe tender a infinito.

Infinito = interminable.

Infinito = ilimitado.

Infinito = diverso.

La innovación infinita es el proceso, sin fin, de búsqueda de valor para todos los accionistas, es decir, para los de dentro y los de fuera, los creadores de la empresa y los clientes.

Lo que hoy es novedad, en unos días deja de serlo y se convierte en habitual. Es así, ¡lo siento!

El *nuevo mono*, y sus antepasados los viejos simios, quieran o no, viven en mundo global, infinito de posibilidades, y en tiempo real.

Añade Google, Yahoo, Youtube, CompareNet, etcétera.

La obsolescencia está programada. No sólo en el producto técnicamente hablando, sino también en la mente del consumidor.

Por lo que la innovación tiene que ser percibida por el potencial consumidor como infinita. Es por lo que vende Nike. O Apple.

En una economía del exceso, la innovación infinita es la *trampilla* de salida.

Piensa en la última vez que compraste un portátil, por ejemplo.

¿Cuáles fueron los argumentos del vendedor? ¿Los recuerdas?

¿Te habló del precio o antes ya lo conocías tú y lo habías comparado en muchas tiendas, online o no?

¿Te habló de su funcionamiento? ¿De los gigabytes que tiene? ¿O quizá de los megahercios?

Puede que sí, pero tú, cliente inteligente y muy exigente, formado en todo caso, con acceso a mucha información en poco tiempo, sabes que todos son más o menos igual de buenos dentro de una determinada gama. Hoy no hay malos y buenos.

¿Por qué elegiste el que elegiste?

¿Diseño? ¿Innovación? ¿Emoción? ¿Forma parte de la *tribu*? ¿...?

Por favor, contéstate tú la pregunta con sinceridad, con el corazón en la mano. Da igual cuál sea tu respuesta, detrás hay un «*driver*» que ha sido el motor de tu decisión.

Las marcas quieren conocer ese *driver* tuyo. Que no te hace único, al tiempo que sí. Quieren que formes parte de una determinada *tribu*.

Y algo más... el *nuevo mono* empresario, profesional autónomo o emprendedor, sabe que en una economía del alma, es mejor molestar al 90 por ciento de la población y captar al otro 10 por ciento que quedar bien con todo el mundo. Sabe que su vaca púrpura no es válida para todos. Y eso le ayuda a triunfar, a gestionar mejor sus recursos, a hacer mejor uso de la tecnología al servicio del comercio, del *mercadeo*.

En este nuevo entorno, en el que habita el ciudadano *BETA*, las estrategias competitivas empresariales y de marca, descritas por grandes gurús, como **Michael Porter**, están perdiendo el sentido.

Las cosas ya no son así...

Las estrategias son mucho más sensoriales que competitivas.

El mismo Porter ha dicho: «La continua innovación es el *issue* más importante en la prosperidad de la nueva economía».

La *vaca púrpura* ya no está centrada, al menos no solamente, en encontrar un determinante positivo para un producto o atributo, y diferenciarlo. Las nuevas estrategias apelan más a los cinco sentidos del ser humano, curiosamente en el momento más tecnológico de la historia de la humanidad.

Es una era de afecto y abundancia.

Se premia la ética. No nos confundamos. El *nuevo mono*, el de verdad, no el imitador, quiere relacionarse con empresas éticas.

La ética es, además, una poderosa arma competitiva.

También es una era de la estética.

Esto no ha cambiado. Es herencia del pasado reciente. Y sigue siendo para el nuevo mono muy válido, atractivo.

Tener a su disposición la tecnología como nunca antes hace que la mayoría de los productos se *customicen* mucho más rápidamente, que sea más difícil distinguir unos de otros. Por lo que la estética sigue siendo, sin duda, un buen elemento diferenciador para las marcas.

La época del diseño no ha muerto. Ha evolucionado.

Cuando el interior es más o menos el mismo, en el exterior sigue estando la diferencia.

El *nuevo mono* **Philippe Stark** ha dicho: «La gente da

por sentada la tecnología, y busca añadirle servicios y productos cálidos, agradables, seductores».

Y, ojo, no se te olvide *matar* a la vaca lechera. Las vacas lecheras son fantásticas, pero una vez ordeñadas hay que *matarlas*. En el mercado de hoy, ya no se puede vivir de ellas. La innovación debe ser infinita.

Si tú nos las matas, dos chavales en un garaje lo harán por ti.

Y para ti... ya será tarde.

Haz que tu vaca lechera dé *a luz* nuevos terneros, y que sean PÚRPURA.

Netflix no mató a Blockbuster; su vaca lechera sí les mató.

Hicieron pagar a los clientes los atrasos en devolución de las pelis. Mal servicio. Mala idea. Y también les mató su falta de innovación en el modelo. Y eran los reyes del cine de alquiler.

Uber no mató a los taxistas; su vaca lechera sí les mató. Mal servicio a clientes, coches sucios, «todo vale» y falta de innovación en el modelo.

Apple o Spotify no mataron a la industria de las discográficas; su vaca lechera sí les mató. Nos obligaron durante muchos años a comprar discos completos. ¿No escuchaban a los clientes?

Y, además, nos ofrecieron la música en un soporte que ya no nos interesaba. La falta de innovación sí les mató.

Amazon no mató al canal minorista; la vaca lechera dominante en ese tipo de canal sí. Y la falta de *experiencia de cliente* en la compra. Y la falta de servicio inmediato, devoluciones, mejora de precios...

Es decir, la falta de innovación en el canal minorista multimarca se cargó el modelo del pasado.

Airbnb o Booking no han matado a la industria hotelera; su vaca lechera sí. La disponibilidad limitada de habitaciones, la falta en la gestión de precios y el modelo de servicio a un determinado tipo de cliente, sí.

Sony no perdió su liderazgo en el mundo de los equipos de música, de televisión o de videojuegos porque apareciese la competencia en forma de música comprimida, pantallas planas o muñequitos graciosos de Mario Bros. Fue su vaca lechera quien le hizo ser una marca relevante en sus mercados principales durante un tiempo. Y también quien, pasado ese tiempo, le mató. Por no *liquidarla* a tiempo.

¡Por falta de innovación! Por sentirse los dueños y señores de un determinado perfil de clientes. Eso que hemos llamado, en otro capítulo, *señores feudales.*

Así que, querido lector, si quieres llegar a ser un *nuevo mono* en este *BETA*mercado de una forma diferente, ¡ATRÉVETE!

Asómbranos, sedúcenos, deslúmbranos con tu VACA PÚRPURA.

Y cuando se convierta en lechera y la hayas ordeñado, no se te olvide «*matarla*» a tiempo y avanzar. Mucho mejor hacerlo cuando todo te vaya bien a esperar a que la vaca lechera te mate a ti.

14. EL LÍDER *BETA*

Comete más errores. Triunfa antes.

David Kelly

Ser grande es saber elegir y señalar la dirección adecuada.

Zweig

¡Arriésgate! Toda la existencia es una oportunidad.

Dale Carnegie

La innovación es lo que distingue a unos líderes de otros.

Steve Jobs

Dar ejemplo no es la principal forma de influir, es la única.

A. Einstein

Sin salirse de la norma, el progreso es imposible.

F. Zappa

Cada uno da
lo que recibe,
y luego recibe lo que da,
nada es más simple,
no hay otra norma:
nada se pierde,
todo se **transforma**

JORGE DREXLER

Clave principal para el *nuevo mono-líder*:
¡Todo se transforma!

El *nuevo mono* vive en una transformación continua. Participa de ella.

Sabe que pensar disruptivamente, ser creativo e innovador en sus formas de hacer, consiste en transformar lo que, aparentemente, parece intransformable.

Por lo tanto, necesita de un líder que no sólo sepa esto, que no sólo sea consciente, sino que sepa acompañarle en esta dirección, orientarle, hacerle partícipe de ello empezando con sus propios cambios, desde su ejemplo.

El *nuevo mono* no se dejará *gobernar* por cualquiera...

Los negocios del futuro serán diferentes. Y se llevarán a cabo de forma diferente.

La educación del futuro será diferente. También las formas de conectarnos con los demás.

La sociedad se está re-organizando. En todos sus sentidos.

Seamos conscientes de ello. No perdamos la oportunidad de participar en esta nueva re-organización. Está en nuestra mano.

Re-organización es la solución evolutiva a lo ya organizado.

... Lo dice la biología. Evolutivamente hablando, lo contrario de organizado no es desorganizado, es re-organizado.

La sociedad, en general, está viviendo una gran transformación debido al impacto que en el talento humano está teniendo la tecnología. La tecnología ha impactado, como si de un meteorito se tratase, sobre la superficie de nuestras vidas. Y así nosotros la estamos trasladando a todo lo que nos rodea, el mundo de la empresa, de la educación, de la medicina, de la organización social, de la psicología, de... la vida.

La transformación digital, me repito, es el motor de una gran transformación cultural a la que estamos asistiendo de una forma silente. Pongámoslo en modo consciente. Depende de nosotros estar en ello o fuera de ello. Ser observadores pasivos, mirones desde una ventana de aquello que está pasando, o ser parte activa del cambio.

La transformación digital, en el mundo empresarial, al que yo dedico mi tiempo y profesión, está suponiendo la oportunidad de repensar la forma en la que se conciben y llevan a cabo los negocios, los modos de relación con el cliente, la organización de la información, la producción, la relación entre los miembros de un equipo, el nuevo modelo de gestión de las personas, la organización de los departamentos...

Y cómo no, el modelo de líder que las organizaciones necesitan.

La tecnología, ya pasó en otras épocas históricas de la humanidad, lo está cambiando todo. Eso sí, ahora, a una velocidad sin precedentes.

Como ya hemos comentado, esto supone un escenario

de nuevas oportunidades que el *nuevo mono* debe saber identificar y aprovechar.

Pero también supone un gran estado de incertidumbre acelerado sobre cómo evolucionará la sociedad.

El *nuevo mono-líder* necesita ser un experto en gestión de la incertidumbre. Da igual que se dedique al mundo de los negocios, como a la educación, o que sea un profesional de éxito en eso que le hace especial.

TRANSFORMACIÓN e INCERTIDUMBRE serán los nuevos paradigmas esenciales en la nueva normalidad.

El líder sabe que tiene que abrazar esta nueva realidad. No puede huir de ella. La transformación digital, exigente de una transformación cultural profunda, ha venido para quedarse. Los líderes que no comprendan y actúen de forma activa en este cambio pondrán en riesgo sus negocios, sus empresas. Las conducirán a la posible desaparición.

Pensemos: en unos veinte años, quizá en menos, todo lo que hoy conocemos, desde el punto de vista de la nueva tecnología: inteligencia artificial a través del IoT, de la robótica, la gestión de la información, con los nuevos modelos de gestión de los *big data*, y la producción vía 3D... provocará un cambio mayor que antes de la llegada de internet.

Se trata de elegir estar o no estar participando de este cambio.

Para realmente aprovechar este proceso de transformación cultural, el *nuevo mono-líder*, así como cualquier emprendedor o profesional, sabe que el cambio empieza en él mismo. Debe cambiar su mentalidad. Y sus formas de hacer. Debe dejar de ver o sentir a la tecnología como un riesgo para mantener su estatus... y cambiar a visionarla como la mejor de todas las oportunidades para mejorar a nivel personal y profesional.

Una vez conseguido el cambio desde uno mismo, será el momento de liderar el proceso de transformación organizativa, de trasladarlo a otros, convenciendo a todos que este nuevo escenario, mucho más colaborativo, es mejor para competir. No es paradójico competir desde la mejora colaborativa. Es algo que se empieza a hacer necesario. Tenemos muchas pruebas de ello.

El líder necesita trasladar este cambio de actitud a todo su equipo para, desde ahí, aprovechar al máximo los modelos de innovación y la llegada de tecnología a velocidad exponencial.

Es la forma de «asegurar», entre comillas porque nada es seguro, el porvenir y la continuidad de su «*especie*», de su legado. De su negocio.

El ***nuevo mono-líder*** deberá transformarse, en mi modesta opinión, con las cuatro funciones principales del liderazgo. Con cierta urgencia, porque su modelo actual no es válido.

Éstas son: Crear, Elegir, Conversar y Ejecutar.

En este capítulo abordaremos, desde diferentes puntos de vista, estas cuatro funciones principales del liderazgo.

El lector tiene a su disposición mucha bibliografía sobre liderazgo. Millones y millones de entradas en Google sobre el tema.

Hay gurús conferenciando en este momento, sin riesgo de equivocarme, en todo el mundo, hablando sobre qué significa ser un buen líder, y millones de artículos, con todo tipo de *colores*, referidos a los modelos de liderazgo, a golpe de un clic a su servicio.

Yo mismo he escrito un libro, el anterior a éste que está en tu mano, titulado *El factor H* (Editorial Alienta), sobre las claves esenciales del liderazgo...

Por eso, en este capítulo, no voy a referirme con detalle ni profundidad a lo que ya está muy hablado. Pasaré de puntillas. Perdón por ello..., pero no es mi intención convertir este capítulo en un tratado sobre liderazgo.

Aun así, quiero empezar por una declaración que me parece fundamental:
EL LÍDER SEGUIRÁ SIENDO LÍDER DE PERSONAS.

Perdonad la obviedad.

Pero algunos, por más obvio que sea, lo están obviando; parece que se les está olvidando, asumiendo de una forma inconsciente o conscientemente, un gran riesgo en su función como líderes.

La tecnología, la transformación digital, todo lo nuevo que hemos descrito más arriba, tiene sentido si entendemos, quizá mejor que nunca antes, que requiere de una transformación cultural, por lo tanto UNA TRANSFORMACIÓN DE LA PERSONA.

Las habilidades, llamadas desde siempre *soft*, que hacen a un buen líder, no han cambiado en su base principal. Es más, el líder, el *nuevo mono-líder*, las necesitará más que nunca.

Entender a las personas de su equipo, acompañarlas, *couchearlas*, entrenarlas, generar nuevos aprendizajes, gestionar adecuadamente el error, permitirlo de verdad, conversar, dar buen *feedback*, potenciar la creatividad, planificar adecuadamente los tiempos, la agenda, generar *engagement*, actuar de forma diferente en las relaciones con el cliente, etc., seguirá siendo algo crucial en la cartera de habilidades que se esperan de un buen líder.

No sólo no han cambiado estas funciones principales

del liderazgo, sino que el *nuevo mono-líder* las necesitará más que nunca, mucho más que en la anterior revolución industrial.

Sabe que en el centro de la tecnología y de la transformación digital está la persona.

En el complejo proceso que supone abordar la transformación digital de una organización, el papel del líder será fundamental. Porque una vez que los implicados en el proceso hayan comprendido los «*porqués*» y «*para qués*» de esa necesidad de cambiar, será el líder el encargado de generar múltiples alternativas para elegir entre todos la mejor manera de afrontar ese cambio. Es decir, de convertir las más o menos grandilocuentes declaraciones de intenciones de la compañía en hechos tangibles; en otras palabras, en **hacer** que las cosas pasen.

Esto no ha cambiado, **liderar es hacer que las cosas pasen**.

Es fácil decirlo, pero no tanto llevarlo a la práctica, porque cuando se trata de llevar a cabo una transformación cultural de estas dimensiones, apelar al cargo o a la autoridad vale de bien poco. La misión del líder, llamado «*digital change maker*», será no tanto la de dirigir, como la de canalizar y catalizar las diferentes voluntades que conviven en la organización hacia un objetivo común; no tanto la de proporcionar instrucciones, como la de vencer las resistencias al cambio y generar redes de conocimiento y corrientes de inteligencia colectiva. De algún modo, se trata de «*despertar*» a la organización y conseguir que se ponga en movimiento.

Para que esto sea posible, el *nuevo mono-líder* necesitará poner en juego una serie de cualidades especiales. La escucha empática, el pensamiento lateral y las habilidades sociales formarán parte de ese arsenal. Así, frente al líder jerárquico convencional, surge la figura del líder «*redárquico*», aquel que ayuda a impulsar modelos de trabajo colaborativos y facilita que el talento circule en todas direcciones y a toda velocidad a lo largo y ancho de la organización.

El líder como impulsor de lo que hemos llamado «*inteligencia conectiva*».

La gestión de la velocidad en el proceso de transformación es, de hecho, un factor clave que vendrá potenciado por la tecnología.

Por esto, una de las misiones importantes del líder, en todos los procesos de transformación, digitales o no, a los que se deba enfrentar, será la de estar capacitado para desechar rápidamente los modelos ineficaces y todo aquello que impide el avance. Su capacidad para aprender, probar y equivocarse lo antes posible resultará determinante para su éxito.

Paradójicamente, el tipo de líder que se precisa para llevar a cabo esta nueva revolución no será un perfil eminentemente técnico, como podría pensarse, sino que lo que se demanda es un perfil más humanista que nunca.

Cuanta más tecnología esté presente en la empresa, en los procesos, más se necesitará a un líder humanista, que comprenda que la tecnología, la parte técnica del negocio, es necesaria pero no suficiente, que tan sólo es un acelerador del éxito esperado, pero que el verdadero modelo de cambio reside en la transformación de las personas.

De igual manera pasará en el mundo de la educación.

Necesitaremos profesores, directivos y políticos, también a las familias, que comprendan que la transformación de la escuela y de la universidad que necesitamos radica en la forma en que participemos en la transformación del alumno. La tecnología tampoco aquí es el centro del cambio necesario, es la persona.

Y es que las relaciones, en cualquier ámbito social, lo serán todo en la transformación digital, serán el *pegamento* y la *gasolina* que permitan actuar a la organización como un todo cohesionado y alineado.

La comunicación y el *feedback* constantes serán fundamentales para establecer esas redes efectivas de inteligencia colectiva.

El secreto para conseguir operar todo gran cambio está en la capacidad de generar conversaciones significativas, cruciales, en el seno de la organización y entre todos los colectivos participantes del cambio. La conversación es y será una habilidad básica del líder que deba pilotar una transformación cultural en su empresa, en su organización, en su negocio.

¿Qué es un buen líder? Un gran conversador... Pues de eso se trata.

¿Hay algo más humano que el poder de la conversación?

Suficiente argumento para requerir líderes que manejen adecuadamente los modelos de liderazgo humanista, en plena revolución digital, de las *máquinas*, como nunca antes.

Lo dejaré claro desde el principio, para no crear dudas, en negro sobre blanco: mi tesis referida a cómo debe ser el perfil del *nuevo mono-líder* no es antitecnología, como creo que el lector, inteligente, ya habrá descubierto a lo largo de la lectura de este libro, sino es

PROCONVERSACIÓN, es decir, proliderazgo humanista, con «H» (muchos de los lectores en este momento estoy seguro que comprenden mi amistad con la «H», relacionada con mi libro anterior, *El factor H*).

Sherry Turkle, en su grandioso libro, muy recomendado, titulado *En defensa de la conversación*, editado en nuestro país por Ático de los libros, nos presenta una ambiciosísima investigación sobre el gran poder de la conversación en la era digital.

Su tesis, que apoyo incondicionalmente desde siempre, es muy clara: NOS PASAMOS TODO EL TIEMPO CONVERSANDO.

Desde que nos levantamos hasta que volvemos a la cama.

Nos enseñan a gestionar recursos, estrategias, planes de acción, nos dicen que incluso a otras personas..., pero ¿quién nos enseña a conversar, a tener buenas conversaciones cruciales con los demás?

¿Te han enseñado a conversar en alguna materia cuando fuiste al colegio, al instituto, durante tu bachiller...? ¿O en la universidad?

El poder de la conversación nos hace humanos.

Eso sí, el *cómo* de las conversaciones está cambiando. El modelo de conversación también se está transformando. El líder tiene que saberlo.

Al parecer, 140 caracteres son suficientes para decir mucho.

Algo está cambiando. La retórica es diferente. El valor de la pregunta también. La conversación coge nuevas formas.

En el nuevo modelo hemos confundido CONVERSACIÓN y CONEXIÓN.

Un teléfono apagado durante una conversación nos indica, al menos mentalmente, desconexión. Queremos estar en todas partes, conversar con muchos y de muchas cosas diferentes a la vez.

La ubicuidad es la reina. Yo, en todas partes de mi interés, al mismo tiempo.

Con frecuencia, los mensajes y las conversaciones cruciales habitan más en la pantalla de cualquier dispositivo que en modo presencial. Estamos presentes con nuestra familia tratando cualquier tema trivial a la vez que estamos mandando a uno de los miembros o a muchos de los presentes, mensajes vía digital.

Entre la familia, entre los amigos, entre los colegas profesionales, entre los miembros de nuestro equipo, con nuestros amantes..., recurrimos a nuestros teléfonos móviles, más que los unos a los otros, personalmente.

Conversamos teléfono en mano.

Turkle demuestra en su tratado y estudio científico y social que ha llevado a cabo, que los *nuevos monos* prefieren, a veces aunque no lo reconozcan, enviar un mensaje o un correo electrónico que participar en una reunión, que mantener una llamada telefónica, que sostener una buena conversación cara a cara.

No podemos olvidar que la conversación cara a cara es el acto más humano y más *humanizador* que tenemos a nuestra disposición.

El líder no puede olvidar esto.

Pero a la vez, tiene que saber cómo sostener buenas conversaciones con los miembros de su equipo, porque de no ser así, en lugar de generar enganche por las mismas, generará aversión. Huida.

Conversar es escuchar.

Cuando estamos presentes ante otros necesitamos escuchar. Y es así cómo desarrollamos la empatía. El ser humano, más allá de la tecnología, necesita ser escuchado para ser feliz, sentirse comprendido.

¡Esto no va a cambiar! Es más, se necesitará más que nunca antes.

La conversación impulsa la introspección, el autoconocimiento, el aprendizaje, constituye la piedra angular de nuestro desarrollo, desde nuestro nacimiento y a lo largo de toda nuestra vida.

Sin embargo, y conocidas todas estas evidencias, parecería que hoy día buscamos formas de evitar la conversación. No parece lógico.

El *nuevo mono* está en un fase de transición en relación a este tema.

O eso creo yo... Volverá a la conversación como base de su humanidad.

Sin despreciar los avances tecnológicos que han llegado y sobre todo los que están pendientes de llegar en la próxima década, volverá a dar la importancia que la conversación tiene en su vida. Dejará de huir...

En cuanto al poder de la conversación se refiere, el *nuevo mono* está en un momento de cambio adaptativo, en el que está descubriendo que no le vale con estar presente en *modo pantalla.*

Hasta ahora, el *modo pantalla* le ha servido para presentarse como le gustaría ser, no como realmente es. Eso está empezando a morir.

Las redes sociales son un aval claro de lo que comento.

Vivir en Facebook no es vivir en modo real. Facebook está siendo para las conversaciones y relaciones sociales entre las personas como lo ha sido el juego del Monopoly a la banca, tan sólo eso, un juego.

La vida no se vive en Facebook. El vínculo real entre las personas no puede ser tan superficial. La vida no se vive en un escaparate sin fondo de armario.

El *nuevo mono*, el verdadero, no el *seudomono* que nos rodea confundido de lo que es y supone lo digital, empieza a saber el poder que la conversación, en modo real, le otorga. Sin despreciar la comunicación en modo digital.

Combina perfectamente la conversación presencial con la comunicación digital. Lo humano y lo digital habitando juntos.

El *nuevo mono* no siempre recurre a su teléfono para salir del aburrimiento. Ni siempre sus vínculos personales son superficiales.

Sabe distinguir el amigo del conocido. Y al conocido del contacto.

A cada uno le da un trato diferente usando de diferente forma la conversación y sus modelos digitales o no.

Sabe distinguir la relación profesional con sus colaboradores, colegas, clientes..., una relación que necesita de conversaciones cruciales presenciales potentes, con buenas técnicas de *feedback* (en mi libro *El factor H*, explicaba cómo llevar un buen *feedback* a cabo, y técnicas para ello...), de pasar información o de hacer un comunicado, digital o no.

La tecnología, y la tecnología móvil más específicamente, ha venido para quedarse. No se trata de ir contra ella. ¡No! Ése no es mi mensaje.

Comporta muchas maravillas. Sin embargo, quizá también haya llegado ya el momento, tras un periodo lógico de adaptación, de que volvamos a valorar en qué modo puede estar interfiriendo en otros «*poderes*», muy humanos y necesarios, que consideramos valiosos.

Es el momento de pasar a la acción, de pensar en la tecnología como un agente de mejora de la conversación entre humanos, de re-diseñar su valor dentro de una conversación cara a cara, de saber cuándo y en qué momentos estorba y hay que apartarla, en definitiva, cambiar la forma en la que la incorporamos a nuestra vida, en nuestras conversaciones.

En la vida real, con frecuencia, el teléfono a través de su pantalla interrumpe lo que se está diciendo. Y lo que se está diciendo interrumpe al teléfono. Todo está tan mezclado en un sinsabor para todo y todos... El WhatsApp, que tanto nos une y nos conecta, también nos separa, nos interrumpe. Así es nuestra vida, un bullicio mental transitando de un lugar a otro, de lo digital *a lo humano*.

Soy un defensor de la conversación.

El verdadero *nuevo mono-líder* también. No se esconde. Da la cara.

Y no a través de una pantalla.

No dejará que la tecnología le silencie. Sabe la importancia del silencio en la conversación, pero lo entiende de otro modo.

El silencio mal entendido, tanto en el hogar como en el colegio o en la fábrica o la oficina, genera falta de empatía. Nos merma el poder de la conversación.

Debemos no confundir el ruido *parloteante* de las redes digitales, sociales o no, con las conversaciones humanas necesarias para el avance, la empatía, la relación real entre personas, el amor por algo o alguien, su verdadera demostración, la búsqueda de la mejora y cómo no, el poder del liderazgo.

Clifford Nass es un psicólogo experto en pensamiento cognitivo, investigador y profesor de comunicación en la Universidad de Stanford, que también se dedica, en sus tiempos libres, a ser lo que allí llaman «*papá de residencia*». Esto a Nass le supone vivir en la residencia de estudiantes de la universidad durante algunos periodos, y convivir con los estudiantes en todas sus tareas residenciales. Nass actúa, especialmente con los alumnos de primer curso, como orientador y asesor académico.

Esta función le ha permitido a Nass llevar a cabo un estudio sobre si la tecnología facilita o no las emociones sobre uno mismo y entre las personas. Explorar las relaciones emocionales entre la vía internet y la vía interpersonal en modo real presencial.

Nass comprobó, después de varios años de estudio y miles de adolescentes implicados en éste, que las redes sociales pueden hacer que la vida emocional de una persona sea realmente dura. Que la tecnología no facilitaba las relaciones emocionales, sino que las debilitaba. Algo que parecía lógico antes de llevar a cabo cualquier estudio. ¿No lo crees así, lector?

¿Cuántos de vosotros habéis sentido alguna vez que una pelea con algún ser querido vuestro, vía WhatsApp, nunca hubiera llegado a ser pelea ni enfado si se hubiera producido en una conversación en sentido de conversación presencial?

Nass comparó el desarrollo emocional, a través de escalas de empatía y test de inteligencia emocional, de jóvenes que consideraban estar *muy conectadas* vía internet, con otras que pasaban menos tiempo en conexiones vía digital y dedicaban más tiempo a conversar y salir con amigos en lo que él llamó «*modo mental presencial*».

Sin ningún género de dudas, el estudio reflejó que las jóvenes que pasaban más tiempo en modo *conectado* tenían una capacidad mucho menor para identificar sentimientos de otras personas e incluso para identificar adecuadamente sus propios sentimientos. Se sentían menos aceptadas por sus iguales, vivían con mayor ansiedad las adversidades y no sentían las mismas emociones positivas al recibir una buena noticia. La vía online en exceso y de forma indiscriminada, como modo de conexión entre humanos, estaba claramente asociada a una pérdida de empatía y a una menor capacidad de introspectiva.

Esto no debería sorprendernos demasiado. Si sólo estamos la mayor parte del tiempo parcialmente PRESENTES, es muy fácil perdernos el contexto en el que se produce la conversación, el llamado subtexto emocional, no verbal, que los otros nos transmiten. Y todos sabemos, no es momento de recordarlo ahora, lo importante que en comunicación entre personas es lo NO VERBAL.

Por otra parte, Nass descubrió algo adicional, que no buscaba inicialmente en la hipótesis de su estudio, pero igualmente importante.

Descubrió que el tono emocional de las redes sociales y de ciertos modelos de comunicación digital, tipo SMS o WhatsApp, es otra fuente importante de problemas en las relaciones humanas. ¡El tono!

Ya lo había dicho y demostrado con su estudio, mucho tiempo atrás, el psicólogo Albert Mehrabian, profesor emérito de la UCLA, cuando indicó que la comunicación verbal es altamente ambigua, y que sólo el 7 por ciento de la información que hay en una comunicación se atribuye a lo que se dice. Mientras que el 38 por ciento se le atribuye al tono de la conversación a través de la entonación, de la voz, de la resonancia, de la proyección del lenguaje utilizado. Y el 55 por ciento restante al llamado lenguaje corporal, a los gestos, a la mirada, a las posturas...

La regla 7-38-55 no ha dejado de estar vigente para el *nuevo mono.*

Se sabe que en cualquier situación comunicativa, el significado del mensaje se transmite de forma no verbal fundamentalmente.

No se transmite por las palabras. Quizá Mehrabian exagere en los porcentajes que expresó. No lo sé. Pero no creo que eso sea lo importante.

Lo que parece estar claro es que, al margen de porcentajes, aquellas comunicaciones en las que las personas no nos vemos, físicamente hablando, no nos facilitarán la relación social ni la transmisión de emociones o sentimientos.

Nass comprobaba que los estudiantes que acudían a internet, especialmente a las redes sociales, parte de lo que les atraía era que allí encontraban un mundo de buenas noticias. Facebook no tiene un botón de «*no me gusta*». De ahí su éxito.

La gente ha aprendido a compartir lo positivo en busca de muchos «*likes*». Ahora podemos sentirnos decepcionados si lo que compartimos no gusta a muchos, si pasa desapercibido; por eso nos entrenamos para publicar cosas que gusten, a veces desvirtuando la realidad, nuestra propia realidad con el único fin real de que nuestro ego se alimente. ¿Es esto una buena gestión de nuestras emociones?

Y por otra parte, en mi opinión importante, ¿cuántas lecciones equivocadas de la vida, tanto en lo profesional como en el plano personal, podemos llevarnos de los «*me gusta*» del modo online?

Volvamos a darle el poder que le conviene a la conversación.

Liderar es conversar. Olvidarlo sería un gran error.

El *nuevo mono-líder* lo sabe.

A primera vista podría parecer, especialmente porque algunos nos lo hacen creer así, que el verdadero reto del *nuevo mono-líder* es la implementación en sus organizaciones de una determinada tecnología.

¡No es cierto!

El proceso de transformación que se está requiriendo en las organizaciones no va sólo de implementar nueva tecnología.

Los *nuevos mono-líderes digitales* saben que se trata de convertirse, y convertir a toda la organización, en *ciudadanos BETA* ágiles y flexibles, que saben detectar qué tipo de cambio es esencial, necesario, urgente, y que implican a todo el equipo en el proceso, gracias al aprendizaje continuo y a responder de forma rápida a lo nuevo que se espera de cada uno, desde la gestión adecuada del cambio necesario que las personas deben aportar para crear una nueva cultura organizativa.

Cuatro lecciones fundamentales para el *nuevo mono-líder digital*:

1. La transformación digital es fundamentalmente un cambio de personas y cultura. Romper con las resistencias es la clave.

2. El primero en transformarse debe ser el propio líder. No se le olvide al CEO de la organización; debe pasar a ser un CDO, *Chief Digital Officer.*
3. La innovación, la ciencia, las humanidades y la tecnología viajan juntas en el proceso de transformación digital.
4. El equipo deberá estar alineado y ser consciente del camino que les espera, conocer el proyecto en su totalidad, el significado, el fin del mismo, el cómo y el para qué, y generar una integración positiva en todo el proceso.

Y con esta hoja de ruta clara, el *nuevo mono-líder digital* deberá poner mucho esfuerzo en no despreciar habilidades del viejo *simio líder*, que puede necesitar él como nunca antes sus antepasados necesitaron.

Fundamentalmente las referidas a la gestión de emociones, con una alta apuesta por la gestión adecuada de la inteligencia emocional, la autoconsciencia y el autoconocimiento, la gestión del estrés, de la armonía individual y del equipo, el aprendizaje desde la incertidumbre, la automotivación, la escucha empática, es decir, escuchar para aprender y entender no para contestar, la asertividad en la comunicación para generar influencia positiva, y la gestión de la resiliencia, a la que le dedicaré un análisis en el capítulo referido al *viaje interior* del *nuevo mono.*

A todas estas habilidades les dediqué un libro, *El factor H*, en el que el lector, si le apetece, puede encontrar herramientas de uso para hacerse más fuerte en ellas...

Para terminar este capítulo, querido lector, me gustaría dejarte aquí unas reflexiones que, creo, el *nuevo mono-líder* tendrá que tener muy en cuenta para vivir con éxito el futuro profesional que le espera.

Debe comprender que el secreto de su éxito radicará más en tener capacidad de **LIDERAZGO EXPANSIVO** que de ser un líder contractivo, como lo fue durante mucho tiempo su antepasado el *viejo simio*.

En mi opinión, son siete, número mágico, las claves fundamentales en las que el *nuevo mono* digital tendrá que poner acento y foco.

A modo de listado sin entrar en mucho detalle te las dejo aquí para que tú, lector, profundices, añadas las que consideres que faltan, y borres, si es que alguna te sobra, las que creas que deben ser borradas.

¡Hazlo tuyo!

Las siete ideas fuerza, como si de leyes se tratase (con tu permiso, utilizaré la mayúscula conscientemente), son:

1. ESCUCHA SIEMPRE A TODOS CON MENTE ABIERTA.
   SEAN QUIENES SEAN.
   PIENSEN O NO COMO TÚ.
   BUSCA OPINIONES QUE ESTÉN EN DESACUERDO CONTIGO, CON TUS IDEAS, CON TUS CREENCIAS, CON TUS DOGMAS.
   ABANDONA A TU SUPER-EGO.

2. FOMENTA LA DIVERSIDAD A TU ALREDEDOR.
   SIGUE SIEMPRE LA LLAMADA *TEORÍA LINCOLN*; LA CUAL DICE QUE HAGAS A TUS RIVALES PARTE DE TU EQUIPO.

FOMENTA LAS DIFERENCIAS CREATIVAS. LA DIFERENCIA ES UNA OPORTUNIDAD. ADOPTA LA HUMILDAD Y LA CURIOSIDAD COMO VALORES SEGUROS.

3. ALÉJATE DE VIVIRLO TODO BAJO LA PRESIÓN DEL ESTRÉS NEGATIVO, DE SENTIR EL ENTORNO COMO HOSTIL, INÚTIL O SIN SENTIDO. APÁRTALO DE TU CABEZA, DE TU MURMULLO NEGATIVO INTERNO. SAL DE LA EXCUSA SI ERES PRESO DE ELLA. Y DEL COTILLEO SOCIAL ESTÚPIDO.

4. CONOCE, TANTO COMO PUEDAS, TU ENTORNO.
   ESTUDIA A TUS RIVALES Y A TUS AMIGOS. HAZTE SEGUIDOR DE TODOS; AHÍ RESIDE TU FUTURO. AHÍ HABITAN TUS ALTERNATIVAS.

5. PIENSA PRIMERO EN LO QUE LOS DEMÁS NECESITAN, NO EN LO QUE TÚ NECESITAS.
   EN ESTO CONSISTE EL VERDADERO *ENGAGEMENT*. EL RESTO VIENE SÓLO SI ESTO ESTÁ CLARO EN TU VIDA.

6. MIDE TU ÉXITO POR LO BIEN QUE ATIENDES LAS NECESIDADES DE LOS DEMÁS, POR CÓMO LAS SATISFACES, CUMPLIENDO CON LO ESPERADO POR LOS OTROS, SIEMPRE QUE TAMBIÉN FORME PARTE DE TUS METAS. DEBE ESTAR ALINEADO CON TUS INTERESES.

MIDE TU ÉXITO COMO LÍDER SABIENDO CUÁNTA LEALTAD INSPIRAS EN LOS OTROS SIN TENER QUE PEDIRLA.

MIDE TU ÉXITO EN CUÁNTO OPTIMISMO REALISTA CON EL FUTURO VISUALIZAN LAS PERSONAS A LAS QUE LIDERAS.

MIDE TU ÉXITO POR LA CAPACIDAD QUE TENGAS DE SIMPLIFICAR TUS MENSAJES, HAZ QUE LO DIFÍCIL PAREZCA FÁCIL, O AL MENOS ACCESIBLE.

Y, SOBRE TODO, MIDE TU ÉXITO EN RELACIÓN A LA CANTIDAD DE FRACASOS QUE HAYAS TENIDO, Y CUÁNTO APRENDISTE DE ELLOS.

7. MANTENTE AL DÍA ABIERTO A LOS CAMBIOS.
   VIVE CON MENTE DE APRENDIZ CONTINUO.
   DEJA QUE LOS CAMBIOS TE INSPIREN Y NO QUE TE ASUSTEN NI TE HAGAN SENTIR AMENAZADO.
   EL SECRETO DE TU LIDERAZGO ESTÁ EN SABER HACER QUE LOS CAMBIOS SUCEDAN EN TI Y EN LOS MIEMBROS DE TU EQUIPO CASI SIN NOTARSE, INCLUSO CUANDO SEAN REVOLUCIONARIOS.

Y recuerda añadir esto:

LA FUNCIÓN
PRINCIPAL
DE UN LÍDER
ES CREAR MÁS
LÍDERES

El *nuevo mono* sabe la importancia que tienen estos siete más unos principios del liderazgo en *BETAlandia*; y no admite a un *mono-líder* que no los practique, ya que el *nuevo mono* se rige por un pensamiento altamente disruptivo.

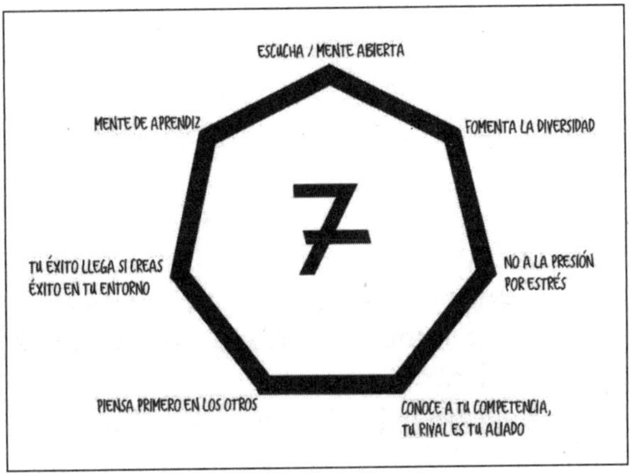

Fuente: Fernando Botella

RADIOGRAFÍA DE UN LÍDER DIGITAL

La transformación digital, el lector ya lo tiene muy evidenciado, es mucho más que una simple actualización tecnológica. Supone un cambio de mentalidad que se extiende a lo largo y ancho de una organización. Y ese esfuerzo superlativo requiere de un modelo concreto de liderazgo en el que las llamadas *soft skills,* o habilidades sociales, adquieren un peso determinante en detrimento del conocimiento técnico.

En un ecosistema digital y robotizado, en el mundo del internet de las cosas, de las ciudades inteligentes o de las redes sociales 4.0 y el 3D, se necesitan más que nunca líderes que den valor a las personas.

Los autores **George Westermann** y **Didier Bonnet**, expertos en transformación digital, han estudiado en profundidad los rasgos que debe llevar en su mochila todo buen líder digital. Sus reflexiones, junto a las de otros expertos, y también a nuestra experiencia que desde Think&Action hemos adquirido participando en proyectos de transformación digital en algunas organizaciones, nos permiten extraer ocho aprendizajes o elementos clave, que estos *mono-líderes* de la nueva realidad tecnológica deberían tener en cuenta:

1. Elaborar una buena hoja de ruta. Es la capacidad para definir el *road map* de las principales fases del proceso, así como sus actores clave, costes y métricas asociadas.
2. Desarrollar una visión interna hacia lo digital. Será fundamental diseñar una visión clara y que cobije a toda la organización. Predicar cuál será ese cambio necesario para alcanzar el futuro deseable e involucrar en éste a todos los agentes relevantes. Este paso supone, entre otras cosas, cuestionarse los fundamentos tradicionales de la organización.
3. Auditar el estado presente de la organización. Necesitamos saber cómo estamos en relación a lo que necesita digitalizarse, la tecnología que se está utilizando, si ya se han producido fenómenos de adopción de nuevas tecnologías... En definitiva, evaluar cuál es el punto de partida para así determinar cuá-

les son las oportunidades y desafíos a los que nos enfrentamos.

4. Construir equipos de trabajo. Que puedan ser vectores de penetración en la organización a través de modelos de liderazgo digital. Y no sólo en el nivel de los «jefes formales», sino de todas aquellas personas que puedan liderar con independencia de su función o cargo en el organigrama.
5. Establecer KPI. Que sean indicadores efectivos de la eficacia de la puesta en marcha de la hoja de ruta a lo largo de sus distintas etapas. Estos KPI también deberán servir para evaluar la resistencia al cambio que se produce a lo largo del proceso. Siempre siendo conscientes que las resistencias, lejos de ser un problema, son un factor necesario que va a generar valor.
6. Poner en marcha de manera inmediata herramientas digitales. En este sentido, es especialmente recomendable recurrir a dinámicas de gamificación y redes externas. Aprender jugando favorece la colaboración, la discusión y el *feedback*.
7. Hacer partícipe a toda la organización. Involucrarla en una nueva mirada al futuro requerido. Para que los procesos se actualicen de una forma efectiva y los cambios calen verdaderamente en la estructura se requiere un cambio cultural, en algunas ocasiones profundo. El reto es aprovechar la transformación digital para generar unos *jobs description*, puestos y equipos de trabajo más fluidos, ágiles e intercambiables. El paso de una cultura sólida a una cultura líquida será una de las claves de éxito y sostenibilidad en el proceso.
8. Reajuste continuo. Por último, el proceso de cambio no tiene fin; no es un ente estático sino perma-

nentemente dinámico. El líder digital itera por naturaleza. Está en fase de reajuste continuo, puesto que todo el proceso ha de repetirse y ajustarse regularmente. La transformación digital no termina nunca.

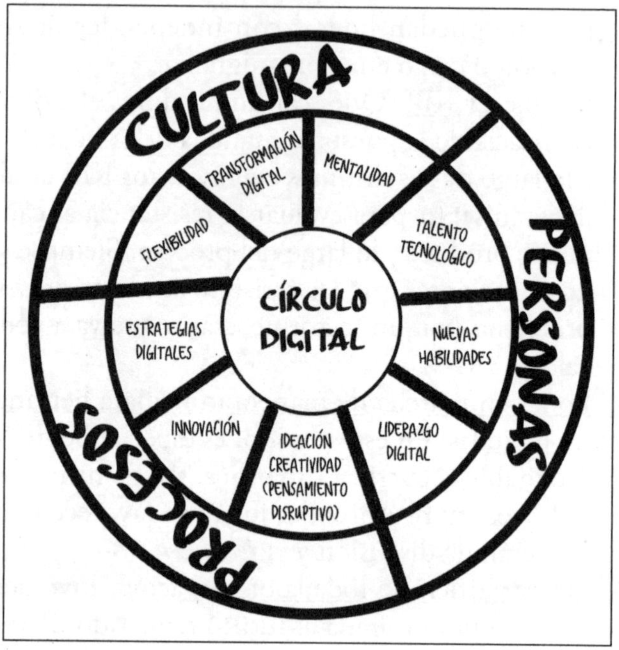

Fuente: Fernando Botella

15. EL *HOMO AGILE*

La mediocridad es cara.

Nota del autor

De una manera bien curiosa, la vejez es más sencilla que la juventud por el hecho de que tiene muchas menos alternativas.

Stanley Kunitz

En este planeta digital nada pasa desapercibido y cualquier avance que se produce es conocido, valorado, modulado y mejorado casi instantáneamente por esta enorme tribu global de la que todos formamos parte. Es un nivel de exposición no apto para tímidos, que amenaza en ocasiones los límites de la parcela personal, aunque también representa, al mismo tiempo, una ventaja indiscutible que viene a explicar la aceleración exponencial en la velocidad de cambio. Se trata de una democratización del progreso en la que la individualidad pierde peso en favor del trabajo colaborativo y el intercambio de conocimiento, ampliando así enormemente su alcance y dimensión. No conocemos la identidad del primer homínido que descubrió cómo hacer fuego frotando dos trozos de madera. De hecho, lo más probable es que no se tratara de un único sujeto, sino que fueran muchos los que llegaron al mismo descubrimiento de manera fortuita, aleatoria o programada, en distintos puntos del planeta y con una cronología asíncrona.

A lo largo de la historia abundan los ejemplos de inventos que fueron alumbrados sin que sus creadores sospecharan que otras personas habían llegado antes que ellos a sus mismas conclusiones. A veces con siglos de diferencia. Sin referenciarlo directamente, las ideas heliocentristas de Copérnico y Galileo tuvieron un precedente en el griego Aristarco de Samos, quien ya defendía que la Tierra no era el centro del Universo tres siglos antes de Cristo.

También en el mundo del arte; Kandisnky o los suprematistas rusos están considerados los padres del lenguaje abstracto en pintura. Pero treinta años antes de que estos precursores pusieran en el mapa mundial del arte sus ideas, Hilma af Klint ya estaba desarrollando en Suecia un tipo de pintura no figurativa. Esta pintora, que en vida sólo expuso su obra más académica, explicó en su testamento que no quiso dar a conocer sus trabajos abstractos porque consideraba que la sociedad no estaba todavía preparada para recibirlos.

Nada de esto sucederá en esta nueva era, la del ciudadano *BETA*; en la que más allá de patentes, derechos de explotación y legítimos intereses comerciales, en cierta manera, hablando de conocimiento, «*todo es de todos*». En este nuevo tiempo, de métodos creativos e innovadores calificados como ÁGILES, raramente la innovación es el producto exclusivo del trabajo o ingenio de una sola persona, sino que, por el contrario, es fruto de la interacción generosa entre talentos, entidades y hasta competidores de muy diversos ámbitos. En la era digital, Guillermo Marconi jamás se *habría apropiado* del mérito de Nikola Tesla como inventor de la radio, sino que, probablemente, ambos habrían trabajado conjuntamente en su desarrollo.

Son cartas distintas y hay que saber jugarlas.

Es una época donde el adjetivo más común utilizado para calificarla es el de ágil.

Nace en 2001 la idea de «MÉTODOS ÁGILES», cuando un grupo de 17 CEO de las principales compañías del mundo digital y tecnológico, se reunieron en la estación de esquí de Snowbird, en Utah, Estados Unidos.

Consideraban que las antiguas técnicas de desarrollo de software eran demasiado rígidas, lentas. Su objetivo: la creación de un manifiesto denominado «AGILE» basado en cuatro pilares:

- Los individuos y las interacciones entre ellos son más importantes en los procesos de innovación que los propios procesos en sí y las herramientas.
- Tiene más valor un software funcionando, aunque sea en modo *beta*, que tener mucha documentación exhaustiva.
- Es importante en el proceso de desarrollo la valoración del cliente, mucho más allá que el hecho de llegar a acuerdos contractuales.
- Se valora más la respuesta ante los cambios rápidos que se van produciendo que seguir el plan o la hoja de ruta creada.

En definitiva, aspectos que definen claramente lo que significa, en modo *BETA*, ser un *homo agile*.

AGILE se ha convertido en un modo de pensar, donde la flexibilidad y la rapidez son la clave. Es una metodología de trabajo y de aprendizaje.

El llamado *Learning agility* es la clave de avance del

nuevo mono, en cualquier tipo de organización, pública o privada, grande o pequeña, educacional o empresarial.

El *nuevo mono* quiere aprender rápido, equivocarse pronto, con el menor coste y conseguir ser así mucho más productivo.

Estas metodologías de trabajo y organización ágiles se caracterizan, además, porque cualquier proyecto no se trabajará en sentido lineal, sino que se divide en partes con el objetivo de agilizar los plazos de resolución o entrega. Permitiendo así que si se necesita realizar cambios de última hora se puedan aplicar sólo sobre la parte afectada, implicada, sin que afecte a la totalidad del proyecto o idea.

Por ello, se trabaja normalmente con equipos multidisciplinares.

Learning agility tiene como ventaja competitiva el mix cultural y de conocimientos. Ponemos a crear, a trabajar juntos en un determinado proyecto a un antropólogo junto con un experto en mecánica cuántica, y un crack financiero. Estos equipos de multiexpertos se llaman ***scrums***. Trabajan bajo paradigmas colaborativos, con *feedback* constante. Realizan muchas reuniones, casi diariamente, pero son breves y muy directas. En ellas se tienen que responder, al menos, a tres preguntas básicas: qué se ha hecho, qué se va a hacer y los impedimentos que se puede encontrar cada uno en sus caminos.

Las metodologías llamadas ágiles permiten una mayor satisfacción final del cliente, interno o externo a la organización, puesto que está involucrado desde el principio en todo el proceso, conoce el proyecto antes de que se dé por terminado. Por otra parte, con esta sistemática de trabajo, se consigue mejorar los motores básicos de la motivación, como son la autonomía, la potenciación del conocimiento, y la consecución de resultados. También, a la vez, aumenta el compromiso con el proyecto y con el equipo.

Por si fuera poco, se produce un ahorro de todo tipo de costes, especialmente de tiempo. Se trabaja o se aprende con un mayor nivel de calidad, a mayor velocidad y de una forma mucho más eficiente, detectando los posibles errores o problemas instantáneamente y de forma proactiva.

Pensar ágilmente, aprender ágilmente, actuar ágilmente, son la clave del *nuevo mono*.

En este nuevo entorno y cambio de paradigma, el *mono-líder* juega un papel primordial. El líder *BETA* lo es porque sabe manejarse con estos nuevos parámetros. Es un líder que domina los entornos digitales, pero que, sobre todo, conoce a la perfección la delicada naturaleza de las relaciones sociales que comportan. El líder, digital y ágil, es muy bueno cuando se trata de lidiar con la tecnología, pero lo es aún más cuando el reto es conjugarla con la voluble y frágil naturaleza humana.

El *nuevo mono* es ágil.

16. EL *VIAJE* INTERIOR

El día que me dijeron que el mundo no era una fantasía, yo casi me caigo de mi unicornio.

Autor desconocido

El mundo tiene muchos nombres.
Para los débiles es lo inalcanzable.
Para los temerosos, lo desconocido.
Para los valientes, una oportunidad.

Victor Hugo

«VIAJE A ÍTACA»

Cuando emprendas tu viaje a Ítaca
pide que el camino sea largo,
lleno de aventuras, lleno de experiencias.
No temas a los lestrigones ni a los cíclopes
ni al colérico Poseidón,
seres tales jamás hallarás en tu camino,
si tu pensar es elevado, si selecta
es la emoción que toca tu espíritu y tu cuerpo.
Ni a los lestrigones ni a los cíclopes
ni al salvaje Poseidón encontrarás,
si no los llevas dentro de tu alma,
si no los yergue tu alma ante ti.
Pide que el camino sea largo.
Que muchas sean las mañanas de verano

en que llegues —¡con qué placer y alegría!—
a puertos nunca vistos antes.
Detente en los emporios de Fenicia
y hazte con hermosas mercancías,
nácar y coral, ámbar y ébano
y toda suerte de perfumes sensuales,
cuantos más abundantes perfumes sensuales puedas.
Ve a muchas ciudades egipcias
a aprender, a aprender de sus sabios.
Ten siempre a Ítaca en tu mente.
Llegar allí es tu destino.
Mas no apresures nunca el viaje.
Mejor que dure muchos años
y atracar, viejo ya, en la isla,
enriquecido de cuanto ganaste en el camino
sin aguardar a que Ítaca te enriquezca.
Ítaca te brindó tan hermoso viaje.
Sin ella no habrías emprendido el camino.
Pero no tiene ya nada que darte.
Aunque la halles pobre, Ítaca no te ha engañado.
Así, sabio como te has vuelto, con tanta experiencia,
entenderás ya qué significan las Ítacas.»

C. Cavafis (*Antología poética*)

Con este fantástico poema del poeta griego Constantino Cavafis he querido empezar este capítulo.

Casi todo está ya escrito en sus palabras.

El *nuevo mono* lo necesitará aplicar más que nunca antes en toda la historia de la humanidad. Esta *recomendación* de Cavafis está en vigor, no ha caducado... más bien está totalmente actualizada.

El *nuevo mono*, y también su compañero social el viejo simio, deben saber y compartir que como todo viaje interesante y de valor, el fin no es el final, la meta no es el objetivo, que el secreto está en el camino.

Cómo hacer ese camino cambiará la historia de éste.

Y, quizá, es que nunca tenga un fin.

Viajar, tal vez como siempre ocurrió, no es ir de un punto A a otro B; porque *viajar*, metafóricamente hablando, y en el caso al que nos referimos, no es desplazarse. No tiene origen. No tiene destino.

No tiene principio. No tiene fin.

El viaje es lo que ocurre mientras se avanza. Eso es viajar.

En la mente puede haber una meta, o múltiples metas hacia donde dirigirse, pero ese destino es sólo la excusa para empezar y avanzar por el camino. El camino cobrará su vida propia a medida que se vaya recorriendo.

Y atravesará valles, y montes, y desiertos, y lagos, y mares...

Y, en numerosas ocasiones, no se sabrá lo que hay al otro lado hasta que se llegue allí. El camino, según se avanza, va generando sus propias incertidumbres.

El *nuevo mono* lo sabe. Sabe que su vida es un viaje a Ítaca.

En la época de los primeros homínidos no existían los psicólogos ni los psiquiatras, pero de haber existido, se habrían forrado tratando problemas de estrés. Nuestros lejanos antepasados no tuvieron una vida sencilla. Rodeados de peligros, a merced de depredadores y toda clase de accidentes, enfermedades, fenómenos naturales e inclemencias climáticas. Vivir era una aventura peligrosa.

Y quizá fue una suerte para ellos... aunque en aquellos momentos no la hubieran calificado de «suerte», sino de «abismo».

Sin duda, todas esas enormes dificultades a las que se enfrentaron, que hoy no podemos ni imaginar, les ayudaron a progresar.

De no haber sido por el acicate de tener que estar constantemente luchando por su supervivencia, cuestionándose cada situación como nueva, aún seguiríamos viviendo en las cuevas, o, más probablemente, no viviríamos ni en las cuevas ni en ningún otro lugar porque hace siglos que nos habríamos extinguido.

La amenaza, la inestabilidad, la zozobra, en general se vivía bajo un estado de altísima incertidumbre, o lo que muchos autores han dado en llamar de INSATISFACCIÓN PERMANENTE.

Aquellos primeros homínidos de los que descendemos eran ya muy creativos. La creatividad no tiene unos pocos siglos de existencia. Estuvo siempre formando parte de lo humano. Nos hizo humanos.

A aquellos viejos monos no les quedaba más remedio que ser muy creativos, encontrar múltiples alternativas ante los peligros cotidianos si querían dominar el mundo hostil, incierto e infectado de trampas en el que les tocó vivir.

Ya que la biología no les había dotado con un físico especialmente poderoso en relación al resto de los animales coetáneos, tuvieron que poner todas sus limitadas, pero voluntariosas capacidades mentales a trabajar para encontrar modos alternativos de dominar a los elementos. Contaban con el fuego, un regalo de la naturaleza que con el tiempo aprendieron a manejar a voluntad. Y más tarde, cuando su cerebro alcanzó la capacidad suficiente para ello, comenzaron a desarrollar herramientas.

Desde siempre, la INSATISFACCIÓN CRECIENTE Y PERMANENTE ha sido lo que ha hecho que nuestro cerebro se ponga en movimiento, en marcha, que se *ponga las pilas* para tratar de hallar una salida ante cualquier dificultad. Si la jirafa no hubiera visto peligrar su especie ante la ausencia de alimento a ras de suelo nunca se le habría ocurrido levantar la vista hacia los árboles.

El ingenio creativo, el pensamiento lateral, habita, de alguna forma, en el peligro. O al menos, en el *peligro imaginado* por el propio individuo.

Un cerebro *satisfecho* y con el *estómago lleno* no ve más allá de sus narices, no genera alternativas, no se pone en *modo búsqueda*. Un cerebro *satisfecho* generalmente no es creativo.

El cerebro del *nuevo mono* no vive de la satisfacción, del acomodamiento, sino más bien de la insatisfacción continua y creciente, del cuestionamiento habitual de todo, de una forma exponencialmente creciente, como ya hemos visto...

El *nuevo mono* vive bajo una gran *tempestad* social, profesional, cultural..., de una rapidez inigualable a cualquier otra época anterior; donde todo parece que pase instantáneamente y siente la amenaza como algo habitual, que le llega de todas partes.

Todo es para ya. Todo es para ayer.

Vive a un ritmo desenfrenado. Sin frenos. Bajo una presión por momentos agobiante. Estresante. En un mundo en el que no tiene tiempo para adaptarse poco a poco, como sí lo tuvo la jirafa...

Su mundo es disruptivamente acelerado.

El conocimiento que adquirió ayer, hoy está ya en tela de juicio.

Un ejemplo de amenaza actual muy consistente en este nuevo mundo de *dominancia* digital e inteligencia artificial: un ordenador es más rápido que el cerebro humano para muchas cosas. Pero nunca lo será, aparentemente así se ha pensado y dicho desde siempre, para tener la riqueza, profundidad y sutileza del pensamiento humano. Sin embargo, al tiempo que pensamos y decimos esto, un profesor, científico e investigador, **Andreas Nowatzyk**, en San José, California, del departamento de Quantum Mechanic en Google (podéis seguirle en LinkedIn), ha sido ya capaz de copiar el cerebro de un ratón e imitar su funcionamiento «cognitivo». Sus circuitos cerebrales tridimensionales y sus complejísimas conexiones, trabajando con nanotubículos.

¡Ufff...! Parecería que es un primer paso para lo que puede estar por llegar...

¿Has pensado que la lenta evolución biológica puede verse afectada por la rápida evolución tecnológica?

¿Has pensado que la perspectiva de avance vital ya no es lineal?

¿Has pensado que el futuro ya no puede ser interpretado como un calco de los procesos que ocurrieron en el pasado?

Grandes amenazas nos llegan...

¿Dónde encontraremos, como ya hizo la jirafa, nuestros nuevos arbustos en los que comer y habitar? ¿Cómo tendremos que alargar nuestro cuello? (Analogías básicas para comprender el momento actual y sus amenazas.)

La inteligencia humana ha sido siempre, hasta ahora, la capacidad de resolver problemas con recursos limitados, incluido el recurso del tiempo.

El tiempo de nuevo aparece...

(El lector que me haya leído antes sabrá la importancia que este autor da al «tiempo» y al manejo de éste. Recordatorio: Vivir es consumir tiempo.)

Algunos autores, entre los que se encuentra Kurzweil, del que ya se ha hablado en este libro, consideran que estamos viviendo una época de tránsito entre lo humano y lo artificial donde ambas inteligencias se fusionarán, con destino a una nueva evolución que han dado en llamar ***trans-humanista***, y teorizan que la humanidad podría no ser el fin de la evolución, sino el principio.

Kurzweil lo ha descrito así en su tratado *La singularidad está cerca*: «Se ha visto la evolución como un drama de mil millones de años que condujo inexorablemente a la creación más grandiosa: la inteligencia humana. El surgimiento a principios del siglo XXI de una nueva forma de inteligencia que compita con la inteligencia humana, y finalmente la supere significativamente, será el acontecimiento más importante de cualquiera de los que han dado forma a la historia de la humanidad. No será menos importante que la creación de la inteligencia que la creó, y tendrá profundas implicaciones en todos los aspectos del quehacer humano, en la naturaleza del trabajo, en el aprendizaje, en los gobiernos, en las artes, en las guerras y, sobre todo, en el concepto sobre nosotros mismos... Lo que estamos discutiendo, en mi opinión, será la próxima etapa de la evolución a través de la fusión entre humanidad y tecnología».

En la serie futurista de tanto éxito, que produce y en la que actúa como actriz principal **Halle Berry**, llamada Extant, ya han creado un ser biónico, mitad humano mitad robot, que han llamado *Homo humánico*.

El que esto sea una realidad está más cerca de lo que imaginamos.

Kurzweil se apoya en una nueva ley, dictada por él y su equipo, que han dado en llamar la **Ley de los Retornos Acelerados**. Una nueva versión de la Ley de Moore. Viene a decir que el orden y el conocimiento se incrementan exponencialmente por lo que el tiempo también se acelera exponencialmente.

En consecuencia, estos nuevos profetas, basados en la nueva ciencia y en los avances de la tecnología y su velocidad de implicación, nos vienen a decir que un proceso en evolución, como es la vida y la inteligencia que la acompaña, no es un sistema cerrado. Luego no se cumple la segunda Ley de la Termodinámica, y por lo tanto no es capaz de crear su propio orden creciente. Más bien, en un proceso evolutivo, en un sistema que es abierto, el *orden* (nuevo conocimiento y su uso, el nuevo talento al servicio de la tecnología) se incrementa exponencialmente. Y la magnitud tiempo también. Por lo tanto, los *output*, o retornos del propio proceso evolutivo, se aceleran.

Conclusión: la evolución biológica, que forma parte de un sistema de evolución cerrado, se ralentiza. Mientras que la evolución paralela tecnológica, que *vive* bajo las condiciones de en un sistema abierto, se acelera. Así, según estos evangelistas del futuro, la aceleración progresiva de la tecnología desde la biología creará la primeras *máquinas conscientes*.

¿No os da un poco de miedo?

Y así vamos por la vida, a toda velocidad...

¡De locos! En un entorno caótico. Donde el caos, encima, genera según estos expertos sistemas abiertos que permiten acelerar todavía más los procesos que dependen de la llamada inteligencia artificial.

Pues bien, y todo esto *¿para qué?* en este libro... aquí y ahora.

Porque es en este momento actual, en el que el *nuevo mono* y su compañero de viaje, que le acompaña más inconscientemente y alejado de todo esto, el *viejo simio*, transitan por el camino buscando *Ítaca*... Y porque bajo la modesta opinión de este autor de poca monta, es ahora cuando más necesitará saber gestionar su **VIAJE INTERIOR**, su capacidad de convertir todo este futuro incierto que se nos predica en una oportunidad de desarrollo personal y social, desde un presente satisfactorio, *aceptativo*, sin convertirlo en agobio, sabiendo que ahora, más que nunca antes, necesitará de herramientas personales de desarrollo individual, que necesitará del yoga, de las religiones, de la práctica del *mindfulness*, del estar *presente* en el presente, de la ventaja que le da la capacidad de sentirse resiliente, del autoconocimiento, de la autorregulación... En definitiva, el ser humano en su versión más humana posible.

Y quiero volver a dejar claro, por si alguien lo duda, que esta opinión, la de este autor, no es contraria al desaarrollo de la tecnología, ni a la llegada de la inteligencia artificial, ni a la nueva época anunciada de la robótica, de la revolución 4.0, ni de la transhumanidad. A lo largo de este texto lo he intentado dejar muy claro, evidenciarlo...

No es nostalgia.

No es vivir en el pasado.

No es estar en contra del futuro.

Nada de esto tendría sentido, porque nada de lo que está en el camino de esta Ítaca se parará... ni queremos que pare.

Es tan sólo un querer volver, para no perder los registros de lo humano, más allá de que se ascienda a un plano más artificial.

Es hacer uso de todas esas herramientas, humanas, que nos permitan mantener la calma y vivir sin agobios ni miedos tóxicos, innecesarios, mientras hacemos el camino y nos encontramos ciertas tempestades, o a los *lestrigones* y *cíclopes* de los que nos hablaba Cavafis en su poema.

Debemos, creo yo, mirar el futuro con optimismo inteligente.

El llamado *Optimalismo*. Vivir y *mirar* la vida con objetividad desde un prisma optimista, positivo. Ser realistas y aceptar la nueva normalidad sin apartar la vista del futuro, a la vez que no quitar peso al presente aprovechando lo que hoy realmente ES y SUCEDE.

Ésta siempre ha sido mi definición preferida de resiliencia: la capacidad de vivir el presente sin quitar la vista del futuro.

La capacidad de convertir una adversidad en una oportunidad.

La que hemos llamado en el libro *EL FACTOR H*, paradoja creativa.

La *creatividad resiliente*, el pensamiento disruptivo, en el que el *nuevo mono* es experto, al servicio de las oportunidades que le llegan desde los nuevos entornos y contextos.

Si quieres practicar tu resiliencia no olvides que en todo momento puedes *re-escribir* tu historia, re-nacer; las cosas no son iguales para siempre, el pasado no tiene por qué ser mejor que el presente ni que el futuro. Y no olvides tampoco que todo esto no es contra ti, contra tu persona, porque si no, no podrás liberarte del miedo nefastamente tóxico, llamado temor, ni podrás descansar del estrés negativo, paralizante.

Si quieres practicar tu resiliencia sé consciente de tus potencialidades y también de tus límites. Acéptalo sin resignarte, sin dejar de aprender y de crecer.

Confía en tus capacidades. Y es a ellas a las que no debes poner límites. No confundas tu potencial con tu capacidad. Ambas cosas son necesarias en tu desarrollo.

Si quieres vivir mucho más resilientemente, practica el vivir la vida en presente. Es lo único que existe. Es lo único que tienes. Practica la consciencia plena, el llamado *mindfulness*. Tienes a tu disposición libros y otro tipo de documentos muy buenos para aprender de ellos sobre esto. Búscalos. *Pídeles* ayuda. Aprende y, sobre todo, practícalo.

Si quieres tener una vida más resiliente, rodéate de personas que tengan actitud positiva. Cultiva estas amistades. Dales espacio en tu vida. Ábrete a ellas.

Y no intentes controlar todas las situaciones. No puedes. Sólo te generará tensión adicional y estrés negativo. Es imposible controlar todo, lidia con la incertidumbre, disfrútala en la medida que puedas...

Abraza el cambio, desde la flexibilidad y sin perder la estabilidad en tus valores personales.

Y no olvides ser muy tenaz en tus propósitos. Son tus *proyectos* de vida, tanto personales como profesionales, los que te sostendrán.

Afronta la vida con HUMOR. Es decir, con una disponibilidad mental positiva ante los hechos y acontecimientos que te llegarán, unos controlables y otros no.

Así necesita vivir el *nuevo mono* en este nuevo entorno que ya se está «*pre-cociendo*» alrededor de él. Lo sabe.

Y sabe que, cuando pasen unos años, estará más decepcionado por lo que no haya hecho que por lo que hizo, aunque no le saliera todo lo bien que hubiera querido.

BONUS TRACK
La opinión de algunos *nuevos monos*

Llegó el momento de aprender y escuchar la opinión de algunos *nuevos monos*; amigos que han querido compartir sus ideas sobre este nuevo entorno digital y su proceso transformacional. Personas que, desde su capacidad disruptiva, saben de lo que hablan porque lo viven cada día. Pertenecen al mundo de la tecnología, de la cultura, del arte, de las ciencias, de la empresa, del espectáculo...

Pertenecen a *mundos* diferentes donde esta transformación les afecta también de forma diferente. Diversidad de ideas. De formas de entender el momento actual y la previsión del futuro. Enriquecedor por sus diferentes visiones.

A todos ellos les pedí lo mismo.
Que contestaran a dos preguntas:

1. ¿Cómo está afectando o afectará la llegada de las nuevas tecnologías y de la digitalización en general a su profesión o en general en el sector al que se dedican?

2. ¿Cómo podemos hacer, bajo su opinión, que la inteligencia artificial, protagonista ya hoy y mucho más en un futuro próximo, sea menos artificial y más inteligente?

Comparto sus ideas en este capítulo, de forma colaborativamente inteligente. Conecto el talento de ell@s con vosotros a través de estas páginas.

Este libro ya no es mío. Es de todos ellos. Cuánto agradecimiento por ello. Por la generosidad de todos los que han querido participar.

Las opiniones de los invitados están recogidas por orden de llegada al autor, desde el 25 de agosto al 25 de septiembre del año 2017.

Está en tu mano, querido lector, seleccionar para su lectura aquellas que te puedan interesar. Incluso, tienes la posibilidad de saltártelas y escribir la tuya propia, dar respuestas desde ti, desde tu experiencia y conocimiento a estas preguntas...

«Históricamente los magos siempre hemos estado en la vanguardia de la tecnología. Tal y como escribió el científico Arthur C. Clark: "Toda tecnología suficientemente avanzada es indistinguible de la magia", y tiene sentido, pues nuestro trabajo consiste en sorprender y asombrar al público. Así el ilusionista George Méliès fascinó a los espectadores de su tiempo proyectando imágenes animadas con el cinematógrafo, un invento de los hermanos Lumière que no tenía una salida comercial clara. Méliès consiguió inventar el cine como espectáculo, presentándolo como gran juego de magia en el Teatro Robert Houdin de París. Precisamente Robert Houdin también empleó la tecnología de su tiempo con gran ingenio. Sus autómatas célebres como el "Árbol de la vida" o "Antonio Diábolo" consiguieron maravillar al público del siglo XIX.

»En el siglo XXI la tecnología se ha extendido de una forma imparable y ha creado nuevos canales de comunicación. En el *showbusiness* es un arma muy poderosa que nos permite llegar a nuestro público con una eficacia increíble, seleccionar a quién nos dirigimos y comunicarnos con él sin intermediarios. Podemos operar como un programa de televisión, que congrega a miles o incluso millones de espectadores, y tener el control total. En este sentido se crea una relación entre artista / fan, o empresa / cliente que es mucho más directa y personal que cualquier otro canal convencional. Respecto a otras tecnologías digitales, en mi mundo deben estar implementadas de una forma moderada. Cuando el espectador sospecha del uso de tecnología se rompe la sensación de estar viendo algo imposible. Un juego de magia debe ser orgánico, y si la tecnología se vislumbra dejará de tener fuerza. No obstante, se abre un mundo de posibilidades al poder jugar con nuevos elementos. Como mago debo materializar los sueños del público en el escenario, convertir lo ordinario en extraordinario, igual que en la Edad Media los magos hacían aparecer conejos de chisteras, siendo el sombrero un elemento cotidiano y el conejo, un alimento deseado. En mi opinión los ilusionistas del siglo XXI debemos innovar entendiendo a nuestra audiencia, comprendiendo sus preocupaciones, sus necesidades y deseos, empleando la tecnología con inteligencia.

»Éste es un tema que me fascina y asusta a la vez. Es necesario dotarla de la ética y responsabilidad necesaria. La inteligencia artificial actual no sólo se utiliza para realizar diagnósticos médicos, análisis de la personalidad y traducciones en tiempo real.

»Creo que no somos conscientes de la magnitud de información sin control, personal y sensible de nosotros, que está flotando en la nube y que es utilizada por sistemas de Inteligencia Artificial.

»Aunque por otro lado y pensando en positivo, esta inteligencia artificial puede hacernos la vida más fácil al recomendarnos una serie o proponernos un viaje ideal, justo lo que estábamos deseando... Eso es maravilloso, ¡casi mágico!

»En mi opinión, para que pueda ser cada vez más inteligente y menos artificial, dependerá de nosotros mismos; de lo que estemos dispuestos a aceptar y de lo que consideremos éticamente correcto. Quién decide si el coche que conduce solo, por no atropellar a un niño, gira velozmente colisionando con un muro, hiriendo al pasajero del coche.»

JORGE BLASS, ilusionista

«La aplicación de las tecnologías conectará a todos y cada uno de los miembros de la compañía en toda la cadena de valor. Al final toda aquella información que se pueda recoger en toda la cadena de valor que pueda afectar al servicio, producto o procesos, será rápidamente aplicable. La barrera de la geocomunicación rompe los límites, no importa donde estemos que podremos aportar, participar y estar presentes en cualquiera de los eventos que sea necesario.

»Nos va a ayudar a aplicar desde el diseño, producción, servicio, modelos, abastecimiento, información sobre el uso, etc., tener todo conectado. Una vez detectado un problema en el proceso con el resultado del producto, se podrá reajustar el proceso dentro de la cadena de valor mediante la comunicación con la robótica colaborativa que permita reajustar ese problema de forma rápida. Así como saber cuáles son los productos más demandados y poner de forma automática la operativa de reabastecimiento del producto que esté siendo mejor en el punto de venta, aportar sugerencias en el rediseño, etcétera.

»En nuestro sector, centrándonos de forma muy importante en las experiencias de persona a persona. En los diferentes procesos dando el toque de la artesanía, de las manualidades, de la relación presencial en el punto de venta, sentirnos atendidos por un igual con ese producto y marca de nicho, concentrada en unos valores humanos y la persona. Aquí la inteligencia artificial será importante para la creación de información, corregir errores, aportar sugerencias, pero nunca sustituir el calor y la importancia que sentimos cuando somos tratados de igual a igual.»

JUANMA PERÁN, presidente del Grupo Pikolinos

«La transformación que está experimentando la educación es un cambio cultural. En un marco confuso, como el existente en la educación en nuestro país, la gran amenaza es que sólo una parte de los centros educativos sean capaces de atender a este cambio. La tecnología no es la clave del cambio; sí lo es el proyecto educativo del centro. Ahora bien es imprescindible en todo proyecto atender a la alfabetización digital. La formación de ciudadanos digitales.

»En el imaginario neoliberal tiene una gran presencia la utopía de una educación sin maestros. Reducción drástica de los costes públicos, o reasignación de los recursos educativos a las corporaciones tecnológicas, personalización y homogeneidad en el aprendizaje, y el negocio de los datos. Algoritmos decidiendo qué se aprende y qué se

consume para aprender. La ilusión del aprendizaje adaptativo puede esconder el fantasma de la desescolarización.»
ALFONSO GONZÁLEZ, presidente de la Asociación Educación Abierta.

«Desde hace unos años estamos presenciando la entrada de nuevas herramientas digitales y tecnologías en el sector salud. En algunos casos, estas herramientas aportan un valor claro, sobre todo cuando el fin es optimizar procesos: suministro de medicamentos, gestión de *stocks* de productos y dosificación de éstos, gestión de citas, manejo de datos de pacientes, etc. Hoy día, a través de un código de barras cualquier profesional sanitario puede acceder a nuestra historia clínica y hacer un seguimiento de nuestro tratamiento o de una analítica de forma rápida y cómoda. No obstante, no está tan claro el valor que aportan estas tecnologías en otros ámbitos de la salud, sobre todo cuando el fin es sustituir o minimizar la interacción entre las personas.

»Y son varios los ejemplos: La telemedicina, que se nos vendió como herramienta para reducir la carga asistencial y mejorar la gestión de pacientes, no termina de despegar (a pesar de las inversiones millonarias de algunas compañías por meter este modelo casi con calzador). De hecho cada día son más los países que apuestan por un contacto más cercano y frecuente entre médico y paciente a través de modelos de Home Care, donde el profesional sanitario va a la casa del paciente de forma asidua. La tecnología es una parte importante del Home Care, sí, en la medida en que ayuda a gestionar las visitas, solicitar la medicación o facilitar el manejo de información, pero hoy por hoy no puede sustituir a la interacción entre médico y paciente. En este sentido podemos ver otro claro ejemplo dentro de las organizaciones comerciales. Las redes de ventas y las acciones promocionales consumen gran parte del presupuesto anual de las compañías farmacéuticas, y son muchas las fórmulas que se han experimentado para intentar reducir este coste y así mantener el beneficio, sobre todo en épocas de recorte del gasto sanitario y ajuste de precios de medicamentos. No cabe duda de que el correo electrónico, un *website* o un *call center* o incluso las redes sociales pueden potenciar el trabajo que hace un gestor comercial y esto permitirá sacarle un mayor rendimiento a éste, pero no pueden reemplazarlo.

»En resumen, no creo que los principios básicos que rigen las interacciones entre personas hayan variado. El escuchar de forma activa, realizar un análisis en base a una serie de hechos y datos, detectar una necesidad o una oportunidad de negocio, desarrollar una propuesta de valor y comunicarla de forma eficaz, sigue siendo la clave de mi trabajo. Eso sí, gracias a las nuevas tecnologías ahora puedo aumentar de forma exponencial mi capacidad de hacer esto, replicarlo y obtener mejores resultados.

»El término inteligencia proviene del latín *intelligentia*, que a su vez deriva de *inteligere*. Ésta es una palabra compuesta por otros dos términos: *intus* ("entre") y *legere* ("escoger"). Por lo tanto, el origen etimológico del concepto de inteligencia hace referencia a quien sabe elegir: la inteligencia posibilita la selección de las alternativas más convenientes para la resolución de un problema. De acuerdo a lo descrito en la etimología, un individuo es inteligente cuando es capaz de escoger la mejor opción entre las posibilidades que se presentan a su alcance para resolver un problema (Fuente: internet ☺). El problema es que los seres humanos no sólo elegimos en base a opciones lógicas y variables predecibles, y esto es lo que nos permite llevar la inteligencia al siguiente nivel y diferenciarnos de otros seres y de las "máquinas". Nuestros clientes, nuestros colaboradores, nuestros compañeros, es decir, lo que se denomina nuestro "*target audience*", tiene sentimientos y emociones, miedos y vivencias que afectan al modo en el que eligen. Si nuestro objetivo es influenciar (positivamente) en ellos, no podemos obviar esta realidad.

»En respuesta a la pregunta inicial, en la medida en la que aceptemos esto y seamos conscientes de las limitaciones de la inteligencia artificial (¡Así como de sus virtudes!), no desde un punto de vista crítico o conservador, sino realista y evolucionista (los seres vivos se adaptan al medio reteniendo los cambios cuando éstos suman y desechándolos cuando restan), podremos sacarle el máximo partido. No se trata de desplazar al hombre (¡Qué obsesión!), sino de potenciar sus habilidades y conocimientos.»

JOSE BERNAL, international product manager, Laboratorios Grifols

«Lo cuenta bonito Rüdiger Safranski en su libro *Tiempo*. Cuando el tren llegó a nuestras vidas, la gente pensaba que la nueva velocidad de 30 km/h nos haría explotar el cerebro. Hoy, lejos de ser una amenaza, viajar en tren es un placer. Y si tuviera que escoger tres actitudes para estos tiempos de comunicación exponencial, inmediata y disruptiva, escogería éstas: colaboración para construir historias con ayuda de otras disciplinas como los *big data* o el diseño, distancia para reconocer patrones y esa capacidad poética capaz de dar sentido a lo que parece un misterio.

»Más inteligente, ¿en qué sentido? Me gustaría vivir un futuro en el que la naturaleza en su conjunto, no la persona, ocupara el centro de la conversación en torno al rol de la Inteligencia Artificial. En este punto, mi deseo pasa por encontrar formas de educar en la creatividad, la empatía y el liderazgo necesarios para plantear preguntas y

proyectar deseos que realmente puedan llevarnos a un siguiente nivel como sociedad.»
BELÉN TORREGROSA, creadora de Nothing is everything

«Dado que *2btube* es una agencia de representación de talentos audiovisuales y una productora de contenidos digitales, esta revolución más que afectar a la empresa, es su germen. La revolución 4.0 ha supuesto una verdadera transformación cultural que ha ayudado a democratizar la creación y consumo de contenidos, especialmente entre las audiencias más jóvenes. Nuestros creadores y producciones propias, actualmente, poseen más audiencia que cualquier medio de comunicación tradicional y esto se debe a que, gracias a la digitalización y a las nuevas tecnologías, pueden crear contenidos que lleguen a todo el mundo y que pueden ser consumidos en cualquier momento de manera gratuita.

»En mi opinión el secreto está en que, como seres humanos, no perdamos el poder en la toma de decisiones, ya que no debemos delegarlo ciegamente a la inteligencia artificial. Los seres humanos somos responsables de esa tecnología y sus consecuencias, por lo que las responsabilidades deben ser asumidas, en todo momento, por un ser humano.»
BASTIAN MANINTVELD, presidente de 2btube

«Las nuevas tecnologías y la digitalización, conjuntamente con el almacenamiento y la generación distribuida, ya están cambiando profundamente la sociedad en general, y el sector energético y eléctrico en particular. Las nuevas plataformas digitales, que funcionan hace ya tiempo en otros sectores, van a permitir transacciones de energía y servicios entre productores y consumidores de una forma sencilla, segura e inmediata. El consumidor, que hasta ahora ha tenido un papel muy pasivo, pasará en un futuro próximo a ser el centro del nuevo modelo energético. Yo pienso que se trata de poner la inteligencia artificial al servicio de la sociedad sin olvidar la dimensión ética y humana en todas sus aplicaciones. Una vez que hemos sido capaces de desarrollar dispositivos y algoritmos con la increíble capacidad de aprender, estaríamos tirando piedras contra nuestro propio tejado si los conocimientos adquiridos por las máquinas pasan a la acción sin tener en cuenta el Factor Humano.»

PABLO MARTÍN, jefe del departamento de sistemas de información de REE

«El impacto de las nuevas tecnologías es muy positivo, nos permite gestionar mucha más información y mucho más rápidamente. Esto nos asegura tener mayor visibilidad y proyección de nuestro negocio, de esta manera podemos tomar decisiones fundamentales rápidamente.

»Además la tecnología y la interconexión son cada vez más asequibles, lo que nos permite competir mejor con empresas de mayor tamaño.

»Creo que hay que decir que los avances tecnológicos son rotundamente democráticos, impactando rápidamente en beneficio de las personas y las empresas. Las compañías que obtendrán mayor ventaja de las tecnologías serán aquellas que sean capaces de armonizar los avances tecnológicos con el toque humano. Las que sean capaces de tener datos robustos y los comuniquen con emoción y autenticidad. Tecnología y ser humano encajan a la perfección si no olvidamos que las tecnologías existen para hacernos la vida mejor y no viceversa.»

SANTI SABATÉS, presidente de Eurofragance

«En lo que a mi hotel en concreto se refiere, tenemos varios aspectos en los que la digitalización ya no sólo está presente sino que es necesaria:

»Las redes sociales —imprescindibles para comunicar y promocionar.

»La nube (*cloud*) —queremos cambiar el sistema actual obsoleto de copias de seguridad y "subir" nuestra información y así facilitar el acceso de nuestros datos desde la central.

»Marriott ha lanzado un proyecto mundial (que funciona ya en algunos hoteles de Estados Unidos), que es el *check-in* online —de esta manera, el cliente hace su *check in* desde su móvil (como un vuelo) y así sólo necesitará recoger su llave en recepción—. En España hay aún ciertos requisitos legales que ver, pero el lanzamiento está previsto para finales de este año.

»Tal y como concibo la hotelería, toda tarea repetitiva realizada por un ser humano podrá ser sustituida por una máquina. Se podrá solicitar un servicio de conserjería por WhatsApp (transferencia al aeropuerto, reserva de un restaurante), sin necesitar un conserje que recomienda los mismos servicios de manera presencial, sino vía inteligencia artificial.

»Lo que creo que de momento no podrá sustituir la tecnología es la emoción: esa empatía cuando escuchas un buen o mal comentario —o ese cariño, cuando ves una pareja celebrando su sesenta y cinco cumpleaños de boda, con toda su familia—, ver la emoción de esa pareja, esa mirada cómplice, esa mirada de orgullo viendo su vida en esa mesa: sus hijos, nietos y bisnietos... Lo que vivimos cada día en el hotel.

»Servimos —somos humildes servidores—, pero como decía Cesar Ritz, somos Damas y Caballeros sirviendo a Damas y Caballeros, pero el ego es muy traicionero...

Creo que irónicamente esta digitalización obligará a más sensibilidad y más sabiduría de la emoción, y los que sobrevivirán a esta nueva era digital no serán los que mejor hagan un Excel (eso lo podrá hacer un robot o un programa), sino los que más sensibilidad tengan desarrollada. Y humildad para levantarse cada mañana y estar dispuestos a aprender de cualquier persona que les pueda dar una lección y... que no falte valor para seguir la lección aprendida.»

ROCÍO CIBRÁN, general manager de The Westin Valencia

«Hace años yo, muy de tarde en tarde, cuando quería profundizar en el análisis de un determinado golpe, solía filmar a mis alumnos con una videocámara, ello me ayudaba a observar con detenimiento el error y a poder demostrárselo al jugador. Hoy día, esto ha quedado ya obsoleto. Hoy una gran mayoría de los entrenadores, aparte del videoanálisis, disponen de programas que analizan exhaustivamente al rival. Podemos saber, en todo momento, qué golpe es teóricamente el más endeble del rival, dónde mayoritariamente saca, resta o emplaza este o aquel otro tipo de golpe. Estos programas te dicen tu posición en la pista y la de tu rival, lo que corres y lo que corre la pelota, la cantidad de efecto y trayectoria de sus vuelos. La información es realmente muy amplia, sin embargo, los jugadores no juegan mucho mejor. En cuanto a mi trabajo, puede parecer que todo esto sea de gran ayuda, tal vez en algunos aspectos sea así, pero en lo que es realmente esencial no creo que lo sea. Según mi opinión, el exceso de información confunde, distrae y da la sensación equivocada de que todo está o debe estar bajo control. Hay una tendencia, generalizada ya, a fundamentar los entrenamientos en estos nuevos avances.

»Evidentemente guiarse casi exclusivamente por las estadísticas y las tecnologías conlleva un deterioro en la función del entrenador.

»La inteligencia artificial es sólo eso y de momento no detecta ni las emociones ni el azar y mejor que así sea, si no entiendo que sería el fin de nuestro trabajo. De momento veo difícil que a día de hoy pueda sustituir nuestro trabajo. Hay una parte de éste que escapa a la lógica de números y estadísticas. Para ello la inteligencia emocional sigue siendo fundamental. Aun sabiendo que el desarrollo tecnológico es inexorable, preferiría que el ser humano siguiera estando por encima de la inteligencia artificial.»

TONI NADAL, entrenador del tenista Rafael Nadal

«Las nuevas tecnologías, como en el resto de sectores, en el deporte tienen cada vez mayor repercusión; y sus aplicaciones se multiplican casi de un día para otro: vídeo arbitraje (VAR) y otros instrumentos de asistencia técnica en tiempo real, prendas de vestir de última generación (producidas a partir de la nanotecnología del carbono), métodos de entrenamiento más eficaces basados en los *big data* (con ordenadores comestibles que proporcionan información al milímetro sobre multitud de parámetros fisiológicos), *Scouting* altamente sofisticado para estudiar a un rival, a nuestro propio equipo o a deportistas concretos, máquinas para mejorar el rendimiento como las cámaras hiperbáricas, y un largo etcétera.

»Innumerables avances tecnológicos que se emplean en el deporte con el mismo espíritu con el que la tecnología se aplica en el resto de sectores: la optimización del rendimiento.

»Las nuevas tecnologías están inaugurando un camino fascinante para el desarrollo de competencias y para la propagación de un modelo de productividad saludable, al amparo de los avances en el deporte. Es un momento inmejorable para que la empresa adapte para su crecimiento los extraordinarios avances tecnológicos en el ámbito deportivo. En definitiva, es el momento oportuno para *deportivizar* la empresa.

»En mi opinión, la inteligencia artificial será más inteligente en la medida en que nosotros hagamos un uso inteligente de ésta, porque como dice Jorge Drexler en su maravillosa canción *Guitarra y Vos*: "La máquina la hace el hombre y es lo que el hombre hace con ella".

»Creo que ese debería ser el enfoque de manera que incluso lo aprovechemos para convertirnos nosotros en más inteligentes, generando un ciclo virtuoso de mejora colectiva. En mi opinión, cuanto más inteligentes sean las máquinas, más inteligentes podremos llegar a ser nosotros. Como hemos visto, pueden ayudarnos a solventar cuestiones tan decisivas como el problema del cambio climático, a curar enfermedades, etcétera.

»Por tanto, la inteligencia artificial nos puede ayudar, siempre y cuando vigilemos su evolución, y la aprovechemos para ser nosotros más inteligentes en vez de "*tontificarnos*" todavía más.»

ÁLVARO MERINO, presidente de 359

«Con las nuevas tecnologías los cambios son cada vez más rápidos, nosotros estamos en el sector tecnológico, nos dedicamos a desarrollar productos de electrónica de consumo y vemos cómo la obsolescencia en los productos es cada vez mayor, con la tecnología todo va más rápido, cada día hay que ser mejor en lo que haces y para ser el mejor no puedes dedicarte a hacer mil cosas, uno de los retos es la especialización, ahora más que nunca hay que centrarse en lo que eres mejor y en cómo puedes aportar más valor al cliente.

»Otro reto importante es la globalización que hará que tengamos que esforzarnos más que nunca para ser mejores, ya que cada vez hay más competencia.

»En cuanto a los equipos de trabajo debemos estar más cohesionados, cada vez es más importante tomar buenas decisiones y hay menos margen para cometer errores. También pienso que tenemos más oportunidades que nunca, a nivel mundial hay mucho por hacer, en el futuro sólo seguirán en el mercado las empresas que entiendan a sus clientes y les den lo que necesitan, empresas donde las personas disfrutan con su trabajo, donde seguir formándose para superar los retos tecnológicos, las personas tienen que estar alineadas con los valores y la misión de la compañía, todo esto dará sentido a nuestra vida.

»La inteligencia artificial estará presente en la mayoría de los productos con los que interactuamos hoy día; nos hará la vida mucho más cómoda y fácil, pero también es cierto que más que nunca tendremos que utilizar nuestra inteligencia para centrarnos en lo que realmente importa, cada vez hay más posibilidades de despistarnos y dedicar los recursos y el tiempo a cosas poco productivas y de escaso valor. Tendremos que trabajar más en la formación de las personas, cada persona debe descubrir sus valores y qué es lo que le apasiona hacer en realidad, para que con esa base pueda utilizar correctamente la tecnología que va a llegar y que va a suponer un cambio radical en cómo trabajamos y en cómo nos comunicamos con las diferentes herramientas que utilizamos todos los días.»

JULIO SÁNCHEZ, director general de Energy Sistem

«Imagino que como en todos los sectores, la tecnología nos es de mucha ayuda, tener acceso a todo tipo de información, con sólo tres o cuatro movimientos...

»En relación con los clientes, podemos disponer de cartas digitales, tanto de comida como de bebida, enlaces a productos, productores, proveedores, etcétera.

»En relación con la parte de gestión disponemos de controles de stock y ventas en tiempo real, pedidos automatizados, etc. En mi profesión como cocinero podemos acceder a cualquier tipo de información sobre productos, recetas, tutoriales, información de la competencia, de las tendencias, conceptos, etc. Un lujo.

»Cuando empecé a trabajar en este mundo de la cocina, a finales de los noventa, en las comidas de los trabajadores del restaurante compartíamos periódicos, revistas especializadas, libros de cocina... Hoy comiendo con el equipo, todos están con el móvil en la mano. Depende de nosotros mismos saber cómo y cuándo utilizar la tecnología; quizá sería mejor no ser tan dependientes, no creo que sea un problema de la propia tecnología, sino un problema de la persona.»

SERGIO SIERRA, cocinero, socio fundador del restaurante El Portal, Alicante

«La llegada de las nuevas tecnologías y la digitalización supone una eminente transformación en los modelos de negocio en general y en particular en el de distribución y alimentación.

»El cliente hoy más que nunca quiere experiencias personalizadas, adaptadas a su forma de vivir (omnichannel) 24/7... en definitiva, soluciones, y por tanto la llegada de las nuevas tecnologías supone una trasformación de raíz en la priorización de proyectos a nivel organizacional con el fin de ofrecer al cliente lo que busca y ya necesita.

»La inteligencia artificial debe cubrir nuestras necesidades y no nuestro tiempo, debe ser una herramienta facilitadora para nuestra vida laboral y personal.

»Es importante establecer y focalizar las líneas maestras de la estrategia global con unos objetivos claros (sin perder la capacidad de adaptación). De esta manera seremos nosotros quienes conviertan en más inteligente (entendido "inteligente" como facilitadora de mis objetivos) dicha inteligencia artificial.»

LUIS LÓPEZ, director general de Musgrave España

«Nuestro caso no es muy diferente a otras compañías que operan en el sector de servicios. Lo que experimentamos como consumidores desde el punto de vista digital, lo queremos trasladar de manera explícita al mundo de la empresa. En la gestión integral de la cadena de suministros, la digitalización se sustenta fundamentalmente en dos áreas: mejora de la eficiencia y productividad que redunda en unos costes cada vez más competitivos, y por otro lado una propuesta de valor que se refuerza con una mejor experiencia de cliente. En este sentido es fundamental la inmediatez y accesibilidad a la información relevante de negocio; estamos viviendo en la sociedad del *lo quiero ya y sin esfuerzo*.

»Debemos hacer un ejercicio de consciencia colectiva y de divulgación que sitúe cada inteligencia en la expectativa de progreso adecuada. La inteligencia humana siempre estará por encima de la artificial, porque tiene un componente emocional, una capacidad de contextualización y adaptación a situaciones sobrevenidas que la artificial nunca podrá suplir. En el mundo de los negocios la experiencia del cliente seguirá teniendo un componente crucial basado en las personas y su comportamiento. Mientras el hombre sea hombre las dos inteligencias convivirán con una prevalencia de la humana sobre la artificial.»

PEDRO GIMÉNEZ, director general de Conway The Convenience Company

«La robótica colaborativa va a suponer un antes y un después en la forma de entender la relación hombre-máquina, y sobre todo el internet de las cosas está restando relevancia a los mecanismos, que se consideran secundarios, y dando protagonismo a la tecnología que permite controlarlos y de alguna manera "entenderlos". Todo está, y estará más interconectado en el futuro próximo, y sólo aquellos que se anticipen y adapten al nuevo entorno tendrán la oportunidad de seguir adelante.

»Estamos inmersos en un cambio de época y no en una época de cambios. Uno de los mayores retos de la IA es emular una inteligencia humana por completo a un coste energético aceptable. Su modo de aprendizaje sigue siendo a través de seguir el rastro de "*migas de pan*" que los datos dejan en el mundo digital. En mi opinión, para que la IA sea más inteligente, ésta debería ser más intuitiva en un entorno siempre impredecible, facultad que hoy sólo tiene el ser humano. El trabajo colaborativo entre hombre-máquina que está llegando permitirá mimetizar comportamientos y reducir esta brecha hoy existente.»

FRANCISCO SÁNCHEZ, CEO de Cherubini Group

«Bajo mi punto de vista, las nuevas tecnologías, bien utilizadas, constituyen un avance maravilloso en esta era que vivimos. Lejos de esa mala publicidad que a veces tienen, lo cierto es que gracias a su accesibilidad universal y la adaptabilidad a todos los entornos permiten que, concretamente en el ámbito deportivo, un niño keniata con acceso a internet pueda aprender un deporte que nunca antes se había practicado en su país, al menos de manera competitiva, sólo con entrar en YouTube, ver vídeos e imitar los gestos de los campeones. Éste es el caso de Yulius Yego, que se ha convertido en uno de los diez mejores lanzadores de jabalina de la historia. El problema surge cuando nos volvemos dependientes de las nuevas tecnologías para todo, incluso para hacer deporte. El uso de potenciómetros, pulsómetros, medidores de ácido láctico, cámaras de ultra definición, etc. En qué momento dejamos de seguir nuestra "voluntad o sentimiento" y nos convertimos en esclavos de los dispositivos que llevamos.

»La inteligencia artificial parte de la aplicación reiterativa de unos y ceros, de logaritmos que permiten tomar decisiones precisas basadas en datos que se han introducido previamente, reconociendo patrones y aplicando algoritmos. Y es precisamente ahí donde aparece su limitación, sólo es "razonable" lo repetitivo, lo estándar, donde el trato diferenciado no aporta valor. Puede identificar criterios probables, pero la dificultad surge porque no se pueden calcular todas las posibilidades cuando una posibilidad es lo imposible. Por tanto, habría que dotar a la IA de unas bases de datos casi infinitas para que fuera capaz de reconocer incluso lo impredecible.»

TERESA PERALES, deportista, nadadora paralímpica, *coach*

«Nuestra institución nace como una universidad *online*, para aprovechar las oportunidades que brindan las nuevas tecnologías y la digitalización. Estamos ante una sociedad digital con internet como estructura, sin dejar por ello de prestar atención a las cualidades humanas de los enseñantes, a los que se les va a exigir juicio crítico, capacidad argumentativa y habilidades sociales. Su participación es crucial para que los avances sean realmente efectivos.

»En el ámbito educativo se percibe la formación reglada *online* como una amenaza a la posición que actualmente ocupan las universidades públicas y sus regidores, a lo que se une la circunstancia de ser un sector intervenido, con poca capacidad de maniobra, estando siempre al albur de las decisiones del político de turno.

»En el ámbito educativo se ha de ser siempre lo suficientemente "inteligente" como para aprovechar todas las posibilidades que ofrece la inteligencia artificial.

»Dicho eso, es fundamental que diferenciemos lo "artificial" de lo importante, trabajando más las capacidades cognitivas y emocionales.

»La inteligencia artificial debe liberar a los docentes de acciones mecánicas y aprovechar su tiempo para alcanzar experiencias de aprendizaje de un nivel superior. Las experiencias y vivencias que un docente puede transmitir a un alumno, en cuanto a cognición y emoción se refiere, espero que nunca estén al alcance de un ordenador.»

FRANCISCO J. GARCÍA, CEO de la Universidad Isabel I de Burgos

«Mi sector es algo especial ya que al pertenecer al gremio de ingenieros informáticos, parece que la digitalización llegó hace tiempo. Pero de ninguna manera. En mi opinión precisamente por ser de los primeros se cometieron muchos más errores en la implantación, y por el perfil de los individuos que lo componen se han mantenido dichos errores. Pero sí es cierto que los estándares de trabajo están establecidos por lo que el talento digital será más fácil de encontrar y compartir en el futuro. Es decir, pienso que nadie en el futuro tendrá un equipo de programadores en su empresa. Tendrá gestores de proyectos digitales con el conocimiento suficiente para controlar equipos por distintas partes del mundo. El valor añadido no está en la programación sino en tener individuos que puedan hacer que esa programación tenga sentido a nivel de valor rentable empresarial.

»Esos individuos híbridos entre el negocio y lo digital ya

surgen como gotas en un colador que salen de la masa de los programadores con una visión diferente.

»La única forma de que la inteligencia artificial sea menos artificial es que esté dotada de contextos emocionales y de intereses personalizados para cada persona sobre la que interactúe. Claramente las emociones juegan el papel de la cercanía con las personas y por supuesto con la humanidad. Esta cercanía y contexto unido a que aprenda los gustos y que sea capaz de entender incluso que la mejor opción no es la que elige siempre un humano, permitirá que la inteligencia sea más parecida a la inteligencia humana y por lo tanto más empática.»

ANDRÉS DE ESPAÑA, presidente de 3DIDS.com

«Afecta positivamente gestionando bien todas sus posibilidades. Hoy día tenemos la mayor información sobre música y músicos de la historia. Nuestras actuaciones pueden ser vistas al instante en cualquier parte del mundo, y la edición de nuestro trabajo es más ágil y rápida. Debemos saber filtrar la sobreinformación existente y entender que la tecnología puede ayudarnos a potenciar y difundir nuestra creatividad artística.

»Debemos poner siempre lo artificial al servicio de la inspiración, la emoción y la creatividad artística, y no al revés. Potenciando la originalidad de cada individuo y resaltando lo humano frente a lo tecnológico.»

DANIEL ABAD, director de la Orquesta de Cámara de la Generalitat Valenciana

«En el sector eléctrico, las nuevas tecnologías están permitiendo ya el aprovechamiento de los recursos energéticos existentes de manera que alcancemos una mayor eficiencia y un mayor cuidado de nuestro planeta. La transición energética así nos lo pide y no podremos alcanzar los retos de descarbonización y utilización de energías renovables que se marcan a 2030 o 2050 sin un avance tecnológico en campos como la optimización y el desarrollo de baterías u otros recursos para almacenamiento de electricidad y el impulso de la utilización del transporte eléctrico.

»Estamos rodeados ya de mucha inteligencia artificial y estoy segura de que el desarrollo e innovación en este campo será muy rápido y exponencial. Por supuesto esto nos ayudará mucho en el progreso de la humanidad, ahora bien, no debemos olvidar la emoción, la pasión y la calidez que aporta la inteligencia humana. Cualquier robot o máquina podrán sustituirnos en cualquier trabajo en el futuro, ¡seguro!, pero sólo el ser humano será capaz de poner en marcha equipos de trabajo, de dotarles de recursos, de poner la pasión y el ánimo para guiar a los equipos a conseguir retos. Seremos los humanos los que pondremos la emoción y la pasión para conseguir mucho más de lo que harían solas las máquinas y para seguir innovando.»

ANA ABRIL, jefa del departamento de acceso a la información de REE

«Veníamos acostumbrados a gestionar personas agrupándolas en perfiles.

»Programas para comerciales, ingenieros, administrativos, y otros tantos distintos en función del sector. En el futuro, los departamentos de personas tendrán que centrarse en el individuo y no en el rol, de manera idéntica a lo que está ocurriendo en la relación que las marcas tienen con sus consumidores. Parece claro que si tenemos poder como clientes, no querremos trabajar dejando todas esas posibilidades en la taquilla. Los departamentos de personas trabajamos ya en la individualización de los programas de desarrollo, adaptándolos a las capacidades, objetivos y expectativas de cada colaborador. Asimismo, la desaparición de puestos poco cualificados y con tareas rutinarias, que van dando paso a personas más autónomas y más colaborativas, hará que el rol de jefe cambie por completo, ya que no serán necesarias personas que supervisen y controlen de manera vertical.

»Somos seres sociales por naturaleza, por lo que tendremos que limitar el uso de la inteligencia artificial a los procesos donde un humano no aporte valor emocional añadido. De no ser así, nuestra propia inteligencia será cada vez más artificial y menos inteligente. La inteligencia artificial será, sin duda, una gran aliada en el mundo laboral. Las tareas que los humanos vemos más complejas serán gestionadas por estos sistemas en cuestión de milisegundos, pero será muy difícil que igualen nuestras capacidades emocionales y sobre todo nuestra pasión. Lo que un humano hace sentir a otro no está al alcance de la tecnología. Los valores que llenan nuestra existencia, nuestra capacidad empática, la ilusión y la simpatía son las barreras de entrada insalvables para cualquier sistema que utilice este tipo de inteligencia. Las mayores posibilidades para esta tecnología podrían estar en lo que se conoce como cerebro aumentado, es decir, ampliando nuestras propias capacidades.»

DANIEL FERREIRO, HR manager de Sanitas Seguros

«La economía digital ya está instalada. Nuestro gran reto es sumarnos y ser capaces de subirnos al tren que ¡ya está en marcha!... Creo que vivimos un momento apasionante en el que tenemos la oportunidad de encontrar nuevas formas de hacer, de acceder a información, antes inimaginable, o de predecir nuevos escenarios con la ayuda de herramientas digitales. Estamos en el momento del aquí y ahora, donde la inmediatez cobra todo el sentido.

»La inteligencia artificial es y será una gran ayuda, pero creo que no debemos olvidar que las personas aportamos creatividad e inteligencia a todo este proceso de cambio. El cambio nos permitirá crecer y expandir nuestras cualidades y competencias humanas. Creo que las máquinas serán un medio y no un fin.»

ALICIA ZAMORA, subdirectora de desarrollo de RR. HH. del GRUPO MEDIASET

«En el sector del calzado y la marroquinería los avances tecnológicos se implantan con lentitud, pero mi trabajo consiste en que la digitalización en las fábricas sea una realidad y no una quimera. Adaptar el modelo de industria 4.0 conlleva una transformación integral y beneficiosa para el sector. Como consecuencia de introducir la digitalización habrá una mejora en los costes, en los productos, en el tiempo de entrega y en el servicio, lo cual se traducirá en una mejor experiencia para el cliente y nos permitirá ser más competitivos con la fuerte competencia asiática. Además, se convertirá en un importante aumento de los beneficios para la empresa. Nos encontramos en un momento de transición en el que las nuevas tecnologías avanzan silenciosamente abarcando todos los aspectos sociales. Es por ello que su adaptación en el ámbito laboral debe realizarse de forma uniforme y leve, evitando, en la medida de lo posible, el sufrimiento del ser humano. Por ello, a pesar de promocionar la investigación tecnológica es preciso dar prioridad al factor humano entendiendo la IA como un apoyo para la gestión y toma de decisiones.»

ALFONSO MORANT, CEO y fundador de Innovarty

«Si algo es irrefutable, es que estamos en un mundo en continuo devenir, cambio. Siempre digo que, si la innovación es la sustancia que precipita la reacción del cambio, una buena implementación con inteligencia ejecutiva es el catalizador que determina su éxito en la organización. En una empresa como la que dirijo, SUMA, cuyo *core business* es la gestión, inspección y recaudación tributaria con cerca de 500 empleados, con una facturación cercana a los mil millones y de carácter público, la transformación digital que estamos ya impulsando con coherencia aunque disruptiva será todavía más contundente día a día para tener la fuerza de un elefante, pero la agilidad de una startup.

»En este, y en cualquier sector financiero o tributario, sin nombrar el tipo concreto de tecnología también presa de la obsolescencia acelerada, la transformación afecta a toda la cadena de valor: la forma de relacionarnos y comunicarnos con los clientes y ofrecerles más calidad en el servicio, la automatización de procesos que nos harán más eficientes, el ahorro en papel y otros recursos para ser más sostenibles, la gestión de datos para ser más eficaces, el cambio en la formación y motivación de los empleados, las formas y medios de pago, y otros aspectos de la cadena de valor de la empresa se verán transformados y afectados por la digitalización. Serán la "inteligencia ejecutiva", el talante, la motivación y la formación del equipo la clave. Porque se trata de que los protagonistas de este cambio, las personas en equipo, sean quienes más allá de aceptar la innovación, la requieran, la reclamen, la digieran, la usen y la viralicen dentro de la organización para aportar valor a la empresa y estén orientados a resultados.

»Es imposible sin un compromiso de la alta dirección y una clara estrategia de comunicación interna con una participación abierta a todas y cada una de las personas de la organización con su implicación y compromiso. No podemos olvidar que la digitalización es una innovación humana; por tanto su ADN está lleno de humanidad y su fin debe ser aportar valor a la sociedad para, de una u otra forma, mejorar el mundo. Y este intangible humano debe tangibilizarse para que las personas tanto del equipo inter-

no como del entorno (usuario y clientes) lo perciban y lo valoren...»
JOSÉ MANUEL BONILLA, director ejecutivo de SUMA

«En el área de RR. HH. el establecimiento de nuevas tecnologías es el vehículo necesario que nos ayuda a desarrollar con rapidez la transformación cultural de este primer cuarto de siglo. Esta transformación ha puesto su énfasis en la digitalización de procesos, sin embargo, de nada sirve el cambio y la transformación si continuamos haciendo las mismas cosas de la misma manera, aunque sea con vehículos diferentes. Precisamente debemos aprovechar la IA para hacer un mundo más humano. Ambas cosas no son incompatibles. Procesos de Recursos Humanos como la política salarial, la evaluación para el desarrollo, la gestión del talento, el reconocimiento, la selección, etc., son procesos que utilizados con una potente IA nos debe dejar tiempo de calidad para tomar las mejores decisiones sobre personas.»
JUAN PEDRO HERRERA, director sénior HR de Lilly Spain Hub

«El mundo del arbitraje de fútbol está precisamente en un momento donde la introducción de la tecnología como ayuda al árbitro principal está en un periodo experimental, siguiendo la implementación de una asistencia de vídeo para jugadas decisivas del partido. Sin lugar a dudas estamos ante una *nueva forma de decidir,* que tiene que ir de la mano con el respeto a este deporte donde la fluidez del juego y de las emociones son la esencia de éste. De igual manera, el uso de la tecnología para analizar los partidos y las actuaciones arbitrales es fundamental para generar un aprendizaje que nos lleve a la mejora continua.

»En mi opinión creo que todo proyecto de aplicación de inteligencia artificial en el mundo del deporte debe partir del individuo, del ser humano, del deportista en primera persona. El rendimiento de un deportista se basa en múltiples aspectos objetivos, medibles, cuantificables. Sin embargo, la diferencia muchas veces la encontramos en lo subjetivo, en lo propio del ser humano como tal: emociones, actitud, experiencia... Acercar lo *artificial* a lo humano considero que sería un gran paso para hacerlo más inteligente. La inteligencia artificial al servicio de la persona que hace un uso inteligente de ésta.»

CARLOS VELASCO, árbitro de fútbol de 1.ª División

«Hay empresas que han nacido ya con el ADN digital, pero otras, como las farmacéuticas, que nacieron antes de esta disrupción, deben hacerlo *a posteriori*. No hacerlo, o pensar que no es necesario profundizar tanto, porque hasta ahora *ha funcionado* bien así es un craso error.

»Un punto clave es el cambio de foco, no ya qué productos se ofrecen para mejorar la salud, sino qué espera el consumidor o qué necesita y proporcionárselo. La era digital tiene la gran ventaja que facilita dicha información, pasando a un diálogo bidireccional, donde el *engagement* a las marcas es fundamental, y para conseguirlo es necesario ofrecer lo que el consumidor busca, y no simplemente hablar de tu producto. La información se ofrece a través de la omnicanalidad, y debe estar interconectada con una estrategia común detrás.

»La innovación ya no es simplemente I+D, innovar también es ofrecer al consumidor una herramienta digital que le ayude a recordar la pauta de un tratamiento, por ejemplo, para asegurar su adherencia.

»El sector del vacuno de leche, por ejemplo, ha sufrido una profesionalización impresionante en pocos años. Hoy día es posible ver en una granja vacas haciendo cola para ser ordeñadas por un robot, sin ningún humano presente. Un robot que desinfecta la ubre, detecta su presión para el ordeño cuando ya no queda leche para no dañar el pezón, y elimina la leche a otro contenedor en caso de detectar infección, de manera que garantiza que la leche que llega en tetrabrik a los supermercados tiene garantía de calidad. El enfoque de las farmacéuticas en este caso es el de proveer de productos para la prevención de enfermedades, bioseguridad y bienestar animal como claves para mejorar la producción con alimentos de gran calidad y sanos para el consumo, restringiendo el uso de antibióticos sólo para aquellos animales enfermos que precisan un tratamiento. Promover el uso prudente de los antibióticos es también nuestra responsabilidad.

»En el sector de animales de compañía, el consumidor busca mucha información en internet, lo que ya se ha denominado Dr. Google, al que le dan mucha credibilidad. El dotar las redes de contenidos de calidad y rigor científico es otro reto para las empresas responsables en el ámbito de la salud. Pero además deben ser ésos, los contenidos buscados, y de nuevo es importante tener en cuenta el foco en el cliente, no en el producto.

»La inteligencia en sí misma es una palabra abstracta con muchas compartimentaciones, como la inteligencia analítica, matemática, lingüística..., pero la que claramente diferencia la inteligencia artificial de la humana, es la inteligencia emocional. ¿Cómo conseguir impregnar de emociones a la Inteligencia Artificial para que cubra el ámbito que le falta? No tengo la respuesta, pero estoy convencida que más pronto que tarde se conseguirá.

»Combinarlo con la ayuda de los perros, por ejemplo, sería una salida fantástica. Si hoy día, los perros son capaces de detectar incrementos de azúcar en los pacientes diabéticos antes que ellos mismos y avisarles para que tomen medidas urgentes, qué no harían con la ayuda de un robot. El robot amplificaría el campo de actuación del perro, y éste dotaría de emocionalidad al robot.»

MONTSE TARANCÓN, chief operation officer animal health de Bayer Hispania

«El negocio del ascensor ha sido siempre muy dinámico. Aunque parezca que no, el ascensor es un producto que ha evolucionado mucho como tal. Nosotros, como usuarios, vemos la cabina, los botones de control y poco más. Pero detrás de todo esto hay mucha tecnología y ésta ha evolucionado como en otros sectores de transporte (automóvil, tren, etc.). Los elementos de seguridad y confort son hoy un mundo nuevo comparado con los ascensores de hace pocos años. Y cómo no, el internet de las cosas también está llegando a este mundo. En mi compañía lo denominamos IoEE (*Internet of Elevators and Escalators*).

»Las tecnologías actuales de control remoto de elevadores, análisis y control de tráfico, los sistemas inteligentes de gestión de baterías de ascensores... todo esto que todavía encontramos en una pequeña parte de los ascensores instalados en nuestras ciudades se va a ver desbordado por la digitalización combinada por la conexión vía internet. ¿Por qué no llegar a nuestra oficina y cuando accedamos a ésta, el ascensor nos dirija automáticamente a nuestra planta y además, a través de su sistema digital nos vaya abriendo las puertas del despacho, encendiendo luces y activando el ordenador?

»El producto ascensor va a seguir evolucionando, sin duda. Pero el reto ahora está en el desarrollo de todo tipo de servicios vinculados a éste, relacionados con el marketing, gestión documental, seguridad, etc. Hoy, al igual que en otros sectores, no somos capaces de tener la visión que tuvo Julio Verne en su momento, pero, sin duda, la digitalización va a cambiar, está cambiando ya nuestra profesión. Incluso se está notando en los perfiles profesionales, pasando de grandes profesionales del mundo de la ingeniería y áreas técnicas a personas con visión digital, con actitudes creativas, tanto en el negocio como en la gestión.

»Sinceramente, espero que el concepto de inteligencia artificial siga siendo artificial aunque mejore en inteligencia. Después de muchos años trabajando el mundo de la inteligencia emocional en mi actividad como *coach*, creo que la inteligencia es algo más que nuestra capacidad para pensar, resolver problemas y tomar decisiones. Para mí, la inteligencia tiene un componente emocional básico y fundamental. Percibimos, sentimos, pensamos y actuamos. Creo que la inteligencia artificial se salta el segundo paso y en esto va a radicar siempre la diferencia entre una máquina y un ser humano. Sin duda, en percibir, pensar y actuar, la inteligencia artificial nos va a superar. Cualquier máquina "espabilada" es ya capaz de aplicar algoritmos complejísimos, mucho más que cualquier ser humano. Y esto no es más que el comienzo. La gestión de modelos complejos y de algoritmos hoy impensables hará que las máquinas desarrollen una inteligencia cada vez más inteligente y menos artificial. Lo que me planteo es si seremos capaces de desarrollar modelos de inteligencia artificial que incorporen el paso de las emociones... Me supera este concepto...»

JAVIER CATALINA, director general de Schindler en España y Portugal

«Las nuevas tecnologías y la digitalización han venido, ya están aquí, y no sólo para quedarse, sino para cambiar de una forma vertiginosa. Debemos entenderlas como una oportunidad que nos va a ayudar en nuestros negocios y en la gestión de las personas. En nuestro sector, en los últimos años, hemos vivido una importante *transformación en los hábitos de compra y consumo* de clientes y de consumidores. Las nuevas tecnologías nos han permitido y nos permitirán *responder de una forma más eficiente y ágil* a sus demandas y necesidades. En Corporación Alimentaria Peñasanta hemos reinventado toda nuestra cadena de valor y la relación con nuestros grupos de interés. Desde el campo, en el que la tecnología ha permitido incrementar la seguridad alimentaria, mejorar la calidad del producto, optimizar el negocio de los ganaderos, hasta el cliente y el consumidor con nuevos canales de venta, pasando por los procesos industriales y por la gestión de las personas.

»La inteligencia artificial debe *ayudarnos a ser más eficientes y ágiles.* Hoy día, disponemos de infinidad de datos e información y debemos aprovechar la tecnología para ser capaces de extraer aquello que realmente nos va a aportar valor y ser capaces de que el proceso de análisis y toma de decisiones sea rápido y eficaz. La Inteligencia Artificial no va a sustituir a la persona, sino que es una herramienta poderosa para las organizaciones y aquellas que estén preparadas para integrarla en sus procesos de gestión y negocio podrán ser más competitivas. En Corporación Alimentaria Peñasanta, no entendemos la transformación sin ambas (tecnología y personas). Tienen que ir de la mano, y por este motivo trabajamos para favorecer el cambio cultural necesario para que esta transformación sea posible.»

ANDRÉS VEGA, director de Recursos Humanos de CAPSA

«En mi profesión toda esa transformación está siendo muy positiva. Me gustaría criticarla y hacer sangre porque en el fondo el trabajo de los cómicos es ver dónde están los fallos del sistema. Pero ¡cómo me voy a quejar! Ahora puedo hacer fotos y grabaciones con mi teléfono que hace unos años hubiera tenido que llamar a un profesional para tener un resultado similar. Todo lo que escribo, y me paso el día tomando notas, está en la nube. Ya no tengo ni que escribirlo porque Siri lo hace por mí. Y encima cuando llego a casa está sincronizado mágicamente con todos mis dispositivos. Hace unos años todas esas notas las escribía a mano y perderlas era un drama. Algunas veces hubiera pagado hasta el rescate por alguna moleskine.

»Desde que todo mi material descansa en la nube, noto que yo también descanso mejor. Trabajar con el iPad también ha cambiado mi forma de trabajar. Ahora lo hago donde quiero, en la postura que más me apetece, y a cualquier hora del día, sinceramente me da más la sensación de juego que de trabajo. Con todos los beneficios que eso conlleva.

»Si soy sincero, yo no tengo ningún interés en que la inteligencia artificial sea mucho más inteligente de lo que ya es. Para mí tiene que estar un puntito por debajo de la nuestra y ya si una máquina logra ganar fácil al campeón del mundo de ajedrez me parece que no deberíamos desarrollarla más.

»La humanidad a lo largo de la historia ha demostrado ser la más inteligente de la tierra, pero también la más estúpida. No he visto a ninguna especie hacer una guerra mundial entre ellos. Ya tenemos internet, wifi, *smartphones*, apps, todos los vídeos, todo el fútbol, toda la música... ¡¡¡qué más queremos!!! Siempre se ha dicho que la avaricia rompe el saco. El día que una máquina, como pasa con el ajedrez, sea mejor que el mejor de los humanos, nos habremos cargado el arte. Ya no habrá cómicos, escritores, pintores, músicos. Bueno, habrá, pero no humanos.

»Desgraciadamente si llegamos a ese punto tengo miedo que seamos nosotros los que estemos al servicio de la tecnología y no al revés como ahora. *Matrix*, *Terminator* y tantas otras películas que hace unos años eran de ciencia ficción habremos logrado que sean películas de realidad.»

DANI DE LA CÁMARA, actor y monologuista.

«La transformación digital es ya una realidad en numerosos departamentos de marketing, lo que nos obliga a estar más formados que nunca para adaptarnos a las nuevas demandas. Sin duda, estamos ante un entorno más complejo y dinámico, pero más enriquecedor con infinidad de posibilidades si sabemos identificarlas y activarlas. Una de las ventajas de las nuevas tecnologías es que permiten un mejor conocimiento del consumidor. Los planes de marketing ya no tendrán como principal objetivo llegar a más gente sino impactar en un target específico para el que el mensaje sea relevante. Es decir, la afinidad cobrará mayor importancia que la cobertura. En este sentido, el marketing cognitivo y el análisis de los *big data* serán claves para evolucionar de un marketing puramente descriptivo a un marketing predictivo.

»Sin duda la inteligencia artificial ha llegado para quedarse, de lo que no estoy tan seguro es del momento en que ésta eclosionará. Todavía hay numerosas barreras legislativas, éticas y sociales y creo que antes de su implantación masiva hay que apuntalar básicos como son el 5G, asistentes virtuales, IoT o *machine learning* que generen un círculo virtuoso permitiendo la democratización de la inteligencia artificial. Cuando esto llegue el factor humano será clave: la programación, los patrones de comportamiento e incluso la interpretación de los datos serán definidos y analizados por humanos. Creo que el marketing

es una mezcla de arte y ciencia y en todo lo referente a emociones, creatividad y sexto sentido las personas todavía tenemos mucho que aportar.»
ALFONSO FERNÁNDEZ, director de marketing de Samsung Iberia

EPÍLOGO

Probablemente, en diez años, sólo morirán de cáncer en países desarrollados como España las mismas personas que hoy fallecen por el sida. Lo que hace veinte años era una «plaga» para la humanidad, hoy tiene tratamiento que permite convivir con la enfermedad durante toda una vida o, incluso, la cura total. Y eso que de la mayoría de las Tecnologías Exponenciales actuales, algunas ni siquiera habían empezado a desarrollarse. Sólo en los próximos veinte años se producirán cambios comparables a los últimos 5.000 años de nuestra historia. Esta revolución no se limitará a lo tecnológico, lo afectará todo, modificando nuestras costumbres, nuestra manera de vivir, nuestra forma de pensar, nuestra manera de ser como personas, las religiones, la educación, la cultura, la banca, la energía, la manufactura, el transporte, la alimentación... y, sobre todo, en su conjunto, al ser humano como especie.

La evolución de la genética y su manipulación, gracias a los avances en la secuenciación del ADN y las técnicas de edición basadas en CRISPR/Cas9, han avanzado a una velocidad exponencial por encima de cualquier otra ley tecnológica, como la que formuló Gordon Moore. Hemos pasado de pagar un millón de euros, hace diecisiete años, por secuenciar nuestro genoma entero, a que cueste 45 euros, y bajando, como ya se puede conseguir, actualmente, a través de internet. Es fácil imaginar los dilemas morales que vamos a tener en un futuro sobre si al eliminar del planeta en los próximos años enfermedades como el parkinson, la poliomielitis o el mismísimo alzhéimer, dejaremos la puerta abierta a permitir que otras personas puedan modificarse y convertirse en superhumanos: lo que viene a llamarse de toda la vida un mutante. Sí, con menos poderes que un X-Men, pero prácticamente inmortal. Gracias a los avances en fecundación asistida, en algunas familias ya se están evitando en generaciones posteriores el desarrollo de enfermedades hereditarias graves, por consiguiente, ya estamos modificando la evolución humana natural. ¿Podemos considerar a estos «nuevos bebés de laboratorio» los primeros mutantes del siglo XXI? Claro, entonces eso de doparse con esteroides, será de neandertales. ¿Tomarse sustancias anabolizantes? ¿O modificarte el desarrollo muscular, potenciar órganos como la visión o desarrollar una resistencia sobrehumana? ¿Qué será más barato, indetectable y menos arriesgado? Es fácil acertar la respuesta para dentro de unos pocos años.

Para entender la velocidad con la que estas revolucionarias herramientas están avanzando, en 2016 los ingenieros de Google desarrollaron la inteligencia artificial más potente jamás creada hasta la fecha, capaz de ganar al campeón humano de un complejo juego chino de habilidad mental llamado Go. Los más optimistas, hace muy poco, pensaban que se tardaría aún diez años en ganar al mejor jugador del mundo. Era muy impresionante lo que se había conseguido con AlphaGo, pero no tenía realmente mucha «ciencia nueva». Para aprender, jugó millones de jugadas con copias de él mismo. Dicen que para ganar al Go tienes que ser muy intuitivo. No quiere decir exactamente que AlphaGo lo sea, porque las máquinas no tienen esa capacidad (de momento). Están sólo programadas para aprender y para hacer cosas impresionantes, pero actualmente no tienen ni conciencia ni motivaciones ni intuición. Son los ingenieros de software los que son muy brillantes y saben cómo programar una máquina para que llegue a jugar muy bien. Detrás hay matemáticas muy sofisticadas y un hardware tan potente como para «analizar y entender» las probabilidades de un juego que tiene 10^{170} posiciones (más o menos, el número de átomos de la galaxia conocida multiplicado por 3). Este superordenador fulminó al campeón mundial de Go, el chino Lee Se-Dol, al que la máquina humilló hasta que éste abandonó la posibilidad de superar a esa Super-IA y jamás volverá a jugar contra una máquina. Este humano sólo estaba «armado» con su cerebro, años de experiencia y unos cuantos cafés. Por el contrario, en el lado técnico teníamos 1.202 CPU, 176 GPU (procesadores específicos para ejecutar algoritmos de IA) y más de 100 científicos que estuvieron trabajando en el proyecto durante meses. ¡¡Pobre hombre!! Con todo ese potencial tecnológico, ¿cómo iba a sobrevivir invicto? Sin embargo, después del triunfo de «las máquinas», se plantearon un nuevo reto en 2017. ¿Podría una nueva versión llamada AlphaGo Zero superar a la del año anterior? En esta ocasión, se utilizó un nuevo método de aprendizaje basado en un avanzado algoritmo de búsquedas sobre una red neuronal. A diferencia de la versión anterior, ésta ha aprendido sola en menos de 4 semanas acumulando conocimiento sin ayuda de humanos o programadores. La nueva «criatura», a diferencia de la del año anterior, sólo tiene 64 GPU y 19 CPU. Lo más divertido fue cuando la pusieron a que aprendiese a jugar al ajedrez, sólo enseñándole las reglas básicas de movimientos. Acumuló la experiencia de haber jugado durante 1.400 años y la adquirió en sólo cuatro horas de tiempo, la misma habilidad que el hasta entonces software/hardware Stockfish 8, que ganó en 2016 el TCEC (*Top Chess Engine Championship*).

¿Puede una inteligencia artificial ser ingeniosa? La respuesta es: Sí, ya está ocurriendo. El ajedrez le ha dado una nueva «capacidad». Los grandes jugadores no arriesgan con una jugada completamente genial o desconocida. Pero AlphaGo Zero hace jugadas inesperadas, inusuales y muy ingeniosas, básicamente porque una máquina no tiene miedo a arriesgarse.

Entonces, si tal y como predice Ray Kurzweil, director de ingeniería de Google y presidente fundador de la Singularity University, acabásemos conectando nuestro cerebro a un exocórtex en la nube, ¿qué limitaría la inteligencia de un humano? En el futuro, tener un cuerpo biológico será anacrónico y el soporte artificial de nuestro cerebro será de silicio o un simple programa de software ejecutándose en algún lugar del cosmos y, por ende, fuera de los «confines terrenales» de nuestro planeta.

Lo que sí es evidente es que vamos a ser la última generación ciento por ciento humana. Si ya hay antropólogos que dicen que nuestros *smartphones* se han convertido en mucho más que simples dispositivos que llevamos en nuestros bolsillos, al haber modificado nuestras vidas como nunca antes había sucedido en la historia de la humanidad, con los avances exponenciales de la inteligencia artificial, los wearables, la genética, los nuevos nanomateriales y el resto de los avances que están llegando cada día, en treinta años no nos va a conocer ni la madre que nos parió. Eso, si no terminamos llegando a este mundo igual que lo hacen los paquetes de Amazon: repartidos por un dron.

El pasado reciente ya es historia, el hoy es alucinante, aprovechémoslo que por eso se llama presente, que el futuro será apasionante, y acojonante, sí, de acojonar bastante. ☺

JAVIER SIRVENT

VIVIR DESPIERTO
Reflexiones del autor

Sabemos por experiencia que las personas no aprenden por experiencia.

G. BERNARD SHAW

HOY
ES SIEMPRE
TODAVÍA

La nueva tecnología e inteligencia artificial son un regalo del desarrollo y conocimiento humano que desde la ciencia llega a nuestra *cons*ciencia. Por ello, es necesario aprender a ser mejores personas y mejores profesionales, capaces de entender el futuro próximo, participar en su diseño, integrarnos y convivir con las nuevas inteligencias que están por llegar, resultado de este futuro progresivo, que nos guste o no, será inevitablemente híbrido, humano y artificial.

La llegada de la inteligencia artificial es un nuevo *empujón* que nos pone delante la historia para ayudarnos a parar, reflexionar y poder crecer. Nos da el poder de influir en este futuro que todavía se está construyendo. En formar parte de él.

Esto es lo que sabe y hace el *nuevo mono.*

No estoy de acuerdo, y aquí quiero expresarlo en estas últimas reflexiones del autor, bajo el criterio único de mi opinión, sin ningún tipo de ánimo para tener razón, sin intenciones de crear un determinado pensamiento, ni siquiera defenderlo, con ciertas teorías *catastrofistas* o con las *hiperrealistas* que anuncian un futuro en el que la humanidad dejará de ser humana para ser artificial.

No estoy de acuerdo con las teorías que anuncian y defienden, con millones de seguidores en todo el mundo, la llegada de una vida en la que, gracias a la inteligencia artificial, podremos vivir felices sin hambrunas, desde la abundancia para todos, superando la muerte, la llamada *amortalidad*, contra un estado natural de la vida, o del fin de ésta. No estoy de acuerdo, quiero decirlo en voz alta, con los que defienden el desacople que puede sufrir la inteligencia de la consciencia... y con un largo etcétera de versiones sobre cómo evolucionará el desarrollo humano hacia la máquina.

Es posible que el uso del *algoritmo* sea mucho más importante a partir de ahora, pero dudo que supere al organismo. No creo que el universo llegue a ser el *dataismo*, así llamado por los nuevos apóstoles de lo artificial sin humanidad, donde el dato para ellos es lo primordial. La religión y la cultura no reside en los *big data*. Ni, quizá, tenga su origen en Silicon Valley.

Las declaraciones de personalidades como **Yuval Hoah**

Harari, joven profesor de Historia en la Universidad Hebrea de Jerusalén, experto en historia militar, han pillado al mundo académico y científico con el paso cambiado. Ha hecho declaraciones en documentos y libros como *Homo Deus*, de este calibre:

«La inmortalidad en el más aquí es una nueva realidad. Un organismo vivo es un algoritmo y nada le impide que persista indefinidamente. Ni siquiera le hace falta ya comprender la realidad. Todo son datos. Un buen sistema de información me conoce mejor desde fuera que yo mismo desde dentro. El humanismo ha muerto. Viva el dataismo. Los datos predicen tormentas, recomiendan tratamientos y la música que me apetece escuchar. Google sabe muy bien lo que leo y se anima a proponerme lecturas...».

Creer o no en este futuro, llamado dataista y centrado en *la máquina*, participar o no de él en este presente, es cosa tuya, querido lector.

Leyendo el libro de Yuval, apoyo sin ninguna duda algunas de sus tesis, en muchos aspectos, a la vez que quedo muy lejos de su ideario en otros...

Yo creo mucho más en esa mezcla que nos anuncian en la nueva normalidad, exponencialmente creciente, mucho más humana que nunca, inevitable, de la que yo no soy partidario ni siquiera de intentar evitar, entre lo HUMANO y lo ARTIFICIAL.

Una unión de ambas inteligencias, que provienen de una original y única: la humana.

Que son origen de la persona y están creadas para la persona.

Donde la persona, más humana que nunca y más artificial que nunca, está en el centro de todo.

Donde se llegue a saber, en un nuevo avance de la vida en este planeta, cómo convertir al ser humano, el *nuevo mono*, ciudadano *BETA*, en más inteligente y menos artificial.

En mi modesta opinión, en este nuevo contexto que tan sólo está empezando a llegar, en este nuevo camino en busca de Ítaca, las personas necesitamos VIVIR DESPIERTOS.

Más despiertos que nunca antes.

Sin estar en contra del futuro tecnológico que está llegando, pero recibiéndolo como humanos que somos..., como *nuevos monos*.

«Monos espabilados», nos llamó Pedro Guerra en una de sus canciones.

Vivir despiertos el presente que nos ha tocado vivir.

Salir del hipnotismo de la pantalla.

Salir de las conversaciones múltiples.

Salir del chequeo continuo del WhatsApp o del Facebook; ese globito rojo que nos tiene atrapados .

Salir de la necesidad urgente de decirte «*me gusta*» cuando veo tu última subida en Instagram.

La hiperconectividad nos invade. Se ha instalado entre nosotros, sin normas. Sin respeto. Sin darnos tiempo para procesar su impacto.

Es la nueva normalidad, la llegada de la singularidad.

La tecnología avanza exponencialmente, mientras que la humanidad y su talento lo hacen linealmente. Un descalabro mental.

Momento de estar más DESPIERTOS que nunca.

De abrazar y hacer uso de las nuevas tecnologías al servicio de lo humano. Y no al revés. Sin poner en juego nuestra creatividad, nuestra productividad, nuestro bienestar... nuestra felicidad, por exceso de conexión.

No confundir la colaboración necesaria a través de la inteligencia conectiva, con estar siempre conectados y esclavos del correo, del último mensaje. Del todo para ya. Para ahora.

La tecnología nos permite, como seres sociales que somos, relacionarnos los unos con los otros, pero somos los humanos los que tenemos que mantener el control de nuestro propio tiempo.

Tenemos que aprender a no dejar que un mensaje *llame* a otro, que nos distraigan, especialmente con esos tan absurdos que a mí me gusta llamar *réplicas tontería*, sin sentido. La ocupación vía pantalla no puede ser de veinticuatro horas por día.

Evitemos el ya llamado mal de «*FLICKER EFFECT*».

Consiste en tener la mente en muchas cosas a la vez. Por decirlo de una forma más sencilla, estar mentalmente donde no toca. Hablando a un colega mientras contestamos un correo, o con nuestra pareja en un restaurante cenando mientras vemos y contestamos los WhatsApp.

No alimentemos más a la bestia.

Amparo Lasén, socióloga de la Universidad Complutense de Madrid, lo describe muy bien cuando dice: «Sufrimos las molestias de la hiperconexión pero nos mantenemos conectados. Sentimos el agobio, pero, al mismo tiempo, nos convertimos en demandantes de esa hiperconexión. Parece difícil decir te quiero mucho, pero no te voy a responder a tu WhatsApp».

Algunos *monos*, compañeros de viaje, puede que intenten mantenernos todo el tiempo conectados a ell@s. Aprendamos a decir «no», a salir del círculo que nos atrapa. No olvidemos que somos libres de poder desconectar. Al menos, de momento...

Umberto Eco, años antes de su fallecimiento, escribió contra las redes sociales. En su libro, recopilación de algunos de sus artículos en prensa, ***De la estupidez a la locura***, editado por Lumen en nuestro país, decía que las redes sociales han sido la «invasión de los necios, facilitada por las nuevas tecnologías».

Muy duro Umberto. O no.

Era muy crítico con el uso de la tecnología en este nuevo siglo y muy especialmente con las redes que nos atrapan.

Llegó a decir que herramientas como Twitter o Facebook «dan derecho a hablar a los idiotas... y permiten que la opinión de un necio consiga tener la misma relevancia que la de un premio Nobel».

Decía que «las redes sociales dan derecho a hablar a legiones de idiotas que antes sólo hablaban, con un vino, en la barra de un bar, sin dañar a la comunidad».

¿Verdad o no? Queda abierto el debate.

Lo que en opinión de este autor sí le parece cierto de las palabras de Eco es que cualquier necio, ese que cree saber de todo, ahora tiene sus medios a disposición para contar todo, sin tapujos, sin cortarse un pelo, en un escaparate de seguidores ciegos a ese conocimiento.

Es la sabiduría del ignorante, que tanto daño puede hacer, la que a veces uno se encuentra por el camino de las redes sociales.

En mi pueblo lo decían así: «*El más tonto hace palotes*». Ahora, además, hace que los demás lo hagan a velocidad de vértigo.

No es difícil, para ninguno de nosotros, encontrar a niños pequeños, en cualquier restaurante, incluso en algún parque, o en la playa, con un *smartphone* o tableta en la mano. Y a padres que digan cosas como éstas: «Así nos dejan en paz y podemos hablar nosotros...».

¡De traca! No sé qué opinión tiene el lector sobre esto.

Están, ya tan pequeños, literalmente *enganchados*. Eso sí, no menos que tú o yo...

Son *yonquis* de la tecnología. Y no lo digo en sentido figurado...

¿Cómo podemos si no llamar a ese hábito que nos hace que vivamos toda nuestra vida adictos a una vida *online*? Como si existiera una vida online y otra offline. ¿O sí?

En mi opinión, un poco de locos.

Y por si no lo sabes, cada vez que un diseñador de una app o de una red social actualiza las prestaciones de ésta, en realidad lo que está haciendo, en la mayor parte de los casos, no es mejorar el servicio, sino aumentar el *feedback* entre los usuarios y la información que obtienen de ellos, para que así los usuarios puedan perseguir la caza de muchos más *likes* y descansar unas horas menos del dichoso aparato.

Curioso, muy curioso, al menos a mí me lo parece, Steve Jobs, lo cuenta en su famosa biografía, no dejaba a sus hijos jugar con el iPad.

E investigando un poco uno descubre que buena parte de los ejecutivos, tecnólogos en Silicon Valley, llevan a sus retoños a escuelas que llaman *low tech*, espacios libres de móviles y sin abuso, en su formación personalizada, de ordenadores. Los alumnos en esos colegios tienen que hacer cosas tan raras como consultar o leer libros de papel. Y hay biblioteca, como lugar de encuentro y de aprendizaje.

Mientras, nosotros creando adictos digitales.

¿Estamos locos o qué?

En *The New York Times*, Ross Douthat, autor y columnista famoso, proponía la creación de un movimiento social y político a favor de la moderación digital. Ya empiezan, con fuerza y en casi todos los países occidentales, a tomar relevancia los movimientos y plataformas sociales sobre este tema.

La pregunta sería: ¿merece la pena todo este *#correveydile* de tabletas, WhatsApp, Facebook, tuiters y demás?

Yo quiero VIVIR DESPIERTO. ¿Y tú?

Aceptando todo lo nuevo que está por venir: la robótica, la inteligencia artificial, el 3D, la revolución 4.0, la gestión de los nuevos *big data*, el IoT...

¡TODO!... pero aludiendo y emulando a Picasso: que me pille DESPIERTO.

Quizá seamos humanos, seres inteligentes, porque nos permitimos cuestionar nuestras creencias. Y nuestro futuro posible.

También porque sabemos desprendernos de lo que nos sobra, especialmente si su origen es el pasado, aunque también del exceso de futuro.

La nueva normalidad, la nueva realidad, nos tienen que servir, ¿cómo no?, a pasar página, a avanzar. Estar dispuestos a escuchar lo nuevo, a participar de ello, a vivirlo. A enriquecerlo en nuestro quehacer cotidiano, con nuestro saber.

Quizá los seres inteligentes como nosotros, los humanos, tengamos una capacidad: la de imaginar, que a día de hoy nos hace únicos.

Aunque, también quizá, en un futuro no seamos los únicos seres que disponen de esta capacidad.

Debemos, como siempre así fue, asombrarnos con lo que está por llegar, ser creativos con nuestro futuro, darnos permiso de re-nacer, de aprender cada día, de observar para desde ahí decidir mejor, y poder observarnos a nosotros mismos para conocernos más.

En definitiva, VIVIR DESPIERTOS.

De Mello nos los contó de una forma metafórica absolutamente clarividente... en mi opinión y mi modo de verlo.

Nos compara con nubes, que vienen y van. Algunas son negras, otras blancas. Ninguna permanece. Algunas son grandes. Otras pequeñas. Ninguna permanece. Pero nosotros somos el cielo, que no se va.

Las nubes sí, el cielo no.

Las nubes dicen adiós. El cielo, no.

El cielo observa las nubes. Las vive sin hacerlas suyas.

El gran secreto: Mientras las nubes están presentes, las disfruta.

Es consciente de que unas veces estarán y otras no.

Que durante toda su existencia, unas veces las nubes serán blancas y otras no, serán negras como el carbón. Pero que el carbón también puede ser bonito. Ambos estados, el blanco y el negro, hacen al cielo sentirse feliz. Bien consigo mismo.

La vida es pura magia.
Vivirla DESPIERTOS es nuestra tarea.

Quiero terminar este capítulo compartiendo un fragmento obra de **Danah Zohar**, de su libro *Rewiring The Corporate Brain.*

Es un texto de 1994 llamado «LA INVITACIÓN»; inspirado y escrito por **Oriah**, el soñador de la montaña, anciano nativo indio americano.

Dice así:

No me interesa lo que hagas para vivir.
Quiero saber lo que ansías,
y si osas soñar con lo que desea tu corazón.
No me importa la edad que tengas.
Quiero saber si te arriesgas
buscando como un loco el amor,
los sueños, la aventura de estar vivo.

No me interesa
saber qué planetas cuadran tu luna.
Quiero saber si has oído a tu corazón,
si te has abierto a la vida
o si te has contraído
y cerrado de miedo a más dolor.
Quiero saber si puedes
estar con alegría,
mía o tuya; es lo mismo,
si puedes bailar con desenfreno
y dejar que el éxtasis te llegue
a la yema de los dedos
sin precaverte de ser cuidadoso, realista
o de recordar las limitaciones del ser humano.
No me importa
si lo que me cuentas es verdad.
Quiero saber si puedes ser
fiel a ti mismo;
sin traicionar tu propia alma.
Quiero saber si puedes ver

la belleza aunque no sea bonita cada día,
y si puedes ver el origen de tu vida.
Quiero saber si puedes vivir
con el fracaso, el tuyo y el mío; es lo mismo
y ponerte a orillas de un lago
y gritarle a la luna plateada: «¡Sí!»
No me importa dónde vivas
o cuánto dinero tengas.
Quiero saber si después
de una noche de dolor
y de desesperación, abatido
y magullado hasta el tuétano,
puedes levantarte
y ocuparte de las necesidades.
No me interesa quién eres,
ni cómo llegaste aquí.
Quiero saber si te quedarás conmigo
en medio del fuego y no escaparás.
No me interesa qué o dónde
o con quién has estudiado.
Quiero saber qué te sostiene
por dentro cuando se derrumba
todo lo demás.
Yo quiero saber si puedes
estar solo contigo mismo;
y estar conmigo,
y si realmente te gusta la compañía
que tienes en los momentos vacíos.

Caminamos dormidos.
Leemos dormidos.
Cuidamos de nuestros hijos dormidos.
Hablamos y compartimos con los demás dormidos.

Comemos dormidos.
Vivimos dormidos.
Amamos dormidos.
Besamos dormidos.
Y morimos dormidos.
...

¡Ya es hora de despertar!

Es hora de despertar porque debemos estar preparados para recibir el tsunami de la tecnología y lo artificial con toda su fuerza. No para huir, sino para recibirlo y normalizarlo.

En la nueva normalidad se difuminarán las barreras entre lo humano y lo tecnológico, en tu vida y en tu empresa.

Lo híbrido entre tecnología y humanidad será lo normal.

«Todo fluye, nada permanece», nos enseñó Heráclito.

Pues... que te pille DESPIERTO.

El *nuevo mono* lo sabe. Ya está en ello.

Dice «sí» a la nueva era. La imagina, la ve... como el Principito veía en su dibujo el elefante dentro de la serpiente boa.

El *nuevo mono* quiere vivir lo nuevo, no en situación de espera, sino participando, desde su mente disruptiva, formando parte de ese nuevo grupo de CIUDADANOS *BETA*, y lo quiere VIVIR DESPIERTO.

Tú que ya eres un *nuevo mono*, que ya habitas entre nosotros, no lo olvides. Te deseo muy buena suerte; de ese tipo de suerte que debes *trabajarte*, para la que tienes que prepararte, en esta nueva normalidad.

La anormalidad es una ilusión, querida mía, lo que es normal para la araña, es el caos para la mosca.

Morticia Addams

Lo que existe detrás de nosotros y lo que existe delante de nosotros es algo insignificante comparado con lo que existe dentro de nosotros.

Emerson

Todo el mundo toma los límites de su propia visión como los límites del mundo.

A. Schopenhauer

Nota:

Las personas acabamos siempre siendo obsoletas.

Si la humanidad avanza es gracias a que nuestra vida acaba, a que fallecemos.

No sé si en un futuro esto seguirá siendo así.

El pensamiento disruptivo nos debe dejar un espacio mental, sin juicio, abierto a la posibilidad de que esto cambie.

LECTURAS RECOMENDADAS

Os dejo aquí sólo algunas *rosas*, sin clasificar, sin ningún tipo de orden ni importancia, escogidas entre un campo mucho más florido, que han servido como documentación y aprendizaje del autor:

Barlow, Nigel May: *Re-think*, Alienta, Barcelona, 2007.

Berger, Jonah: *Contagious: how to Build Word of Mouth in the Digital Age*, Simon & Shuster, Londres, 2014.

Bidwell, James: *Disrupt: 100 lessons in business innovation*, Spring Wise, Londres, 2017.

Brynjolfsson, Erik, y Andrew McAffe: *La carrera contra la máquina*, Antoni Bosch, Barcelona, 2013.

Colon, Geoffrey: *Disruptive marketing*, Amacom, Nueva York, 2016.

De Bono, Edward: *El pensamiento lateral*, Paidós, Barcelona, 2013.

Dery, Mark: *Velocidad de escape*, Siruela, Madrid, 1998.

Eco, Umberto: *De la estupidez a la locura: crónicas para el futuro que nos espera*, Lumen, Barcelona, 2016.

Godin, Seth: *La vaca púrpura*, Gestión 2000, Barcelona, 2011.

Harari, Yuval Noah: *Homo Deus*, Debate, Barcelona, 2016.

Herzog, Werner: *Lo and Behold*, Documentales Netflix, 2016.

Hinssen, Peter, y Misha Chellam: *The New Normal: explore the limits of the digital world,* Across Technology, 2010.

Kahneman, Daniel: *Pensar rápido, pensar despacio*, Debate, Barcelona, 2012.

Keller, Gary, y Jay Papasan: *The One Thing*, J. Murray, Londres, 2013.

Kelly, Kevin: *Lo inevitable*, Teell, Zaragoza, 2017.

Kurzweil, Ray: *La singularidad está cerca*, Lola Books, Berlín, 2012.

Lewis, Michael: *The new new thing*, Hodder & Stoughton, Londres, 1999.

Michalko, Michael, y Aida Santapau: *ThinkerToys: cómo desarrollar la creatividad en la empresa*, GESTIÓN 2000, Barcelona, 1999.

Moore, Geoffrey A.: *Crossing the chasm*, Harper Colins, Nueva York, 2009.

Nordström, Kjell A., y Jonas Ridderstrale: *Funky Business Forever: cómo disfrutar con el capitalismo*, Pearson, Madrid, 2008.

Peters, Tom: *El círculo de la innovación*, Deusto, Barcelona, 2007.

Pink, Daniel: *La sorprendente verdad sobre qué nos motiva*, Gestión 2000, Barcelona, 2016.

Puig, Mario Alonso: *¡Tómate un respiro! Mindfulness*, Espasa, Barcelona, 2017.

Samit, Jay: *Disrupt Yourself*, Pan MacMillan (Bluebird), Londres, 2015.

Schmidt, Eric, y Jared Cohen: *The new digital age*, J. Murray, Londres, 2013.

Seelig, Tina: *Ingenius*, HarperOne, San Francisco (USA), 2012.

Thiel, Peter, y Blake Masters: *De cero a uno: cómo inventar el futuro*, Gestión 2000, Barcelona, 2015.

Turkle, Sherry: *En defensa de la conversación*, Ático de libros, Barcelona, 2017.

Vacas, Francisco: *La nueva normalidad: evolución tecnológica, comunicación y empleo,* CEF, Madrid, 2015.

Von Stamm, Bettina (ed.) y Anna Trifilova: *The future of innovation*, Gower, Aldershot (UK), 2009.

Williams, Luke: *Disrupt*, Financial Times Press, New Jersey (USA), 2010.

AGRADECIMIENTOS

Tan sólo es en el formato del propio libro donde los agradecimientos vienen al final; no en la intención del autor, para el que son de verdadera importancia. Y lo primero. Viven en el principio de la obra. Antes de empezar a poner una palabra sobre otra, el libro ya tuvo muchos motivos de agradecimiento a diferentes personas.

El acto de escribir un libro, aunque lo pudiera parecer, no es un trabajo solitario. Documentarse, inspirarse, seleccionar, ajustar las ideas, hibridarlas, concebir miles de palabras y ligarlas entre sí... todo se comparte de una forma u otra con muchos compañeros en el viaje que conforma el proceso.

Quiero, ante todo, dar mis gracias al lector. Por haber llegado hasta aquí acompañándome en este mar de letras e ideas. Porque todo esto sólo se justifica si tú estás ahí, en ese otro lado. Gracias por lo más valioso que me has regalado: tu tiempo. Irrecuperable.

Gracias a todos mis alumnos, clientes, compañeros de profesión..., que han compartido en estos años aulas, sesiones, salas de trabajo, en definitiva sus momentos profesionales o personales conmigo. Son los que más alas, sin ellos saberlo, han puesto a este proyecto. Son *ciudadanos beta*, de los que aprendo cada día. Gracias también por regalarme vuestro tiempo y vuestro talento. Siempre tomo, desde mi silencio, buenas lecciones de todos vosotros. En este manual muchas de ellas están recogidas. Las cogí prestadas. Son vuestras, no mías.

Mi vocación siempre fue la de maestro, maestro de escuela, y quiero poder cumplir con el criterio fundamental de cualquier buen maestro: estar aprendiendo.

Las lecciones no son para darlas, sino para tomarlas.

Gracias a todos los lectores de mi blog <www.fernandobotella.net>.

Por estar ahí. Año tras año. Formando parte de la blogosfera que nos une. También a los que estáis en las redes sociales compartiendo ideas conmigo cada día. Nos vemos en @fb_think, en Facebook, y en el Twitter de @thinkandaction. Eso sí, dediquemos sólo el tiempo justo. Sin que sea prioritario ni interfiera en nuestra *otra vida*, la real.

Mi gratitud más especial a los *nuevos monos,* muy humanos, que pobláis Think&Action. Formáis parte de la parte más importante de esta empresa. Gracias a Lola, Pilar, Pepo, Andrea, Isaya, Manu y Álvaro, porque pasan los años y seguís aquí, y ahí. En lo vuestro y en lo nuestro. Separadamente juntos.

Gracias a Daniel, un mono al volante. Gracias por tu lealtad; por cuidarme...

Y siempre mis gracias más especiales en el elenco de la empresa son para mi querida compañera en *el día a día*:

Estela Sánchez. Mis conversaciones con ella son inigualables. Necesarias. Nada las supera. Ella sabe que la quiero mucho, se lo dije en *El factor H*, y se lo digo cada día. Hoy, también. Me crea o no... ☺ Ella me hace ser más *mono* y ser un poco mejor cada día. Cuando me comporto como *viejo simio*, ella me rescata. Y cuando me sale mi mejor versión, me acompaña. Nuestros clientes la adoran. Yo también.

Sabemos, sin duda, la importancia que ella tiene en cada uno de los proyectos en los que Think&Action participa. Estela forma parte de mi inspiración. Agradecido infinito a tu dedicación sin límite. Y muchas gracias también por haber quitado las «*malas hierbas*» a este texto.

Gracias a todos los invitados que han aceptado participar en este libro, en el capítulo dedicado a las opiniones de los *nuevos monos*.

Tanta enseñanza compartida. Sois mis amigos. Gracias por hacer este documento más grande, más interesante para el lector.

Gracias a mi editor, Roger Domingo, por renovar su confianza en mí una vez más. Por su apoyo. Es mi cuarto libro con él. Gracias por ser un interlocutor cercano, por tus ideas, por tu profesionalidad. Sin él, este libro hubiera quedado tan sólo en una idea.

Gracias a mi familia. Ocupa el centro de mi vida.

A mis padres, Antonio y Rosa. Por hacer de este *mono* un ciudadano común. Sin más... Siempre estoy cerca de vosotros, aunque no me veáis tanto como os gustaría.

Gracias a Zoe por lo que de ella me queda. Es tanto. No sólo recuerdos. Y a Cuca, que desde mi almohada, me habla cada día al oído, y me alecciona sobre lo que significa estar vivo, me ayuda a distinguir lo que es verdaderamente válido de lo que no. Me hace ser mejor persona.

Gracias a Anna y Sara. Las dos *monitas* que habitan en el centro de mi corazón. Son jóvenes, tienen todo el futuro por delante. Me gustaría que aprendieran de todo, de todos, que siguieran siendo siempre unas aprendices de mente inquieta. Son mis mejores maestras; las escucho atentamente. Podría pasar todo mi tiempo tan sólo mirándolas.

Gracias por no regatearme ni un solo beso.

Las amo profundamente. Lo saben.

No dejéis jamás de saborear la vida. Y el tiempo que ella os regale.

Es, en realidad, lo único que tenéis, todo lo demás es mentira. Todo lo demás es un sueño. Y pasa... No lo olvidéis.

Y, por último, gracias a mi *básicoterapeuta* personal, Marie.

Ella cura todos mis males, de cualquier tipo u origen. También celebra conmigo cada una de mis alegrías; porque siempre son nuestras. Gracias por ofrecerme todo tu amor, tu armonía, tus compases, los más sonoros, estrepitosamente poderosos y los de espera, con tu silencio.

Gracias por tomarte siempre un respiro antes de aplaudir.

Gracias por tomarte siempre un respiro antes del abucheo.

Y gracias por haberme dejado recorrer cada día, durante todos estos años, el camino que va desde mi *puerta* a la tuya.

Por recibirme con esa sonrisa.

Yo te miro... sin necesidad de palabras.